MÉMOIRE

SUR LES DANGERS

DES

ÉMANATIONS MARÉCAGEUSES.

MÉMOIRE
SUR LES DANGERS

DES

ÉMANATIONS MARÉCAGEUSES,

ET

SUR LA MALADIE ÉPIDÉMIQUE

Observée à Pantin
et dans plusieurs autres communes voisines du canal de l'Ourcq,
en 1810, 1811, 1812, 1813;

PAR J. L. CAILLARD, D. M.

Occulta res est salubritas, præsertim perfectior aeris,
et potiùs experimento quàm discursu et conjecturâ
elicitur.

BACON. *De augmentis scientiarum.*

PARIS,

Chez MÉQUIGNON-MARVIS, Libraire pour la partie
de Médecine, rue de l'École de Médecine, n° 9.

1816.

MÉMOIRE

SUR LES DANGERS

DES

ÉMANATIONS MARÉCAGEUSES.

Borner uniquement la médecine à la connoissance et au traitement des maladies, lui interdire l'examen des causes qui les produisent, c'est la dénaturer, la priver presque entièrement du droit d'être appelée *l'art salutaire*, et la réduire à une sorte d'empirisme aveugle. Depuis Hippocrate, les médecins véritablement philosophes ont fait une étude toute particulière des causes des maladies, bien persuadés qu'on ne peut les négliger sans tomber dans des erreurs graves. Cette nécessité de rechercher les causes se fait sentir principalement dans le traitement des maladies épidémiques. Entreprendre de guérir chaque malade qui s'en trouve atteint,

I

et négliger la cause générale qui les produit, c'est attaquer une des têtes de l'hydre, au lieu de diriger ses coups sur les véritables principes de sa vie. La ville d'Agrigente étoit sujette à des fièvres pestilentielles, un empirique se fût borné à traiter les malades sans rechercher la cause de la maladie ; ses succès eussent été peu favorables, et l'épidémie se seroit reproduite continuellement. Empédocle, disciple de Pythagore, observa qu'elle n'avoit lieu que parce que le vent du midi souffloit habituellement sur la ville ; il fit boucher une gorge de montagnes qui lui donnoit passage, et Agrigente fut à jamais préservée du fléau qui la dévastoit.

Doit-on négliger la recherche des causes des maladies, parce que, le plus souvent, ces causes se dérobent à l'observation la plus attentive ? Je ne le pense pas. En effet, si nos prédécesseurs nous ont transmis, à ce sujet, des faits incontestables, fruits de leurs observations, quelles raisons fondées pourrions-nous avoir de renoncer à l'espoir d'en augmenter le nombre ? N'est-il pas évident que baser la médecine uniquement sur les causes des maladies, ce seroit la réduire dans un cercle trop étroit ; de même que si l'on se bornoit à l'observation seule des symptômes, ce seroit pécher dans un autre sens ?

« Un médecin, dit Zimmermann, qui
» prouve qu'il agit conformément à l'expé-
» rience de tous les temps, qu'il n'a raisonné
» que d'après des principes vérifiés et cons-
» tatés par les observations de tous les grands
» maîtres de l'art, et qu'il en a fait une juste
» application aux circonstances actuelles,
» qu'il n'a fait, enfin, que ce qu'il devoit
» faire, et toujours conformément aux rap-
» ports qu'il apercevoit des causes aux effets,
» ou des effets présens aux causes possibles ou
» réelles, doit laisser le peuple et ses idoles
» juger à leur manière des causes ou des ef-
» fets, et se contenter d'avoir fait tout ce
» que l'art pouvoit suggérer de plus direct. »

Fidèle à cette doctrine, suivie par Hippocrate, et qui a fait tant d'honneur à Érasis-
trate, à Galien et à plusieurs médecins modernes (1), aussitôt que l'épidémie de Pantin
et autres lieux eut été confiée à mes soins, je
m'empressai d'examiner les causes produc-
trices qui m'étoient manifestées par des faits

---

(1) Au nombre de ces derniers, je me plais à citer
M. le professeur Bourdier.

nombreux, et je destinai le présent Mémoire
à l'administration qui m'avoit honoré de sa
confiance. Des circonstances particulières
ont empêché qu'il ne lui parvînt, et mon in-
tention étoit de le conserver pour ma propre
utilité, lorsque le désir que m'a témoigné
M. le préfet de la Seine, et l'appel fait, au
même sujet, par une société qui conserve encore quelques traces de cette ancienne Faculté de Médecine, l'objet des regrets des
vrais médecins, m'ont fait changer de projet.

En écrivant ce Mémoire, s'il en coûte à
ma sensibilité de publier des malheurs que
l'on auroit pu prévoir et prévenir, j'en suis
bien dédommagé par la satisfaction que j'é-
prouve de faire en même temps connoître le
zèle éclairé des magistrats et des confrères
qui ont bien voulu me seconder. Mon inten-
tion est d'écrire comme un médecin doit le
faire lorsqu'il est appelé à prononcer sur un
objet d'utilité publique, c'est-à-dire, sans la
moindre prévention et avec la plus grande
liberté ; j'ajouterai même, sans faire le moindre effort pour repousser les fausses consé-
quences que l'on pourroit tirer de mes opi-
nions.

Je divise mon travail en trois parties. Dans

la première, je prouverai que les miasmes engendrés par la chaleur dans les marais sont un des poisons les plus funestes à l'espèce humaine, et que leurs effets, portés à un plus ou moins haut degré, sont constamment et partout les mêmes. Dans la deuxième, je donnerai l'histoire de l'épidémie qui a ravagé dernièrement Pantin et les communes voisines du canal, et je prouverai que c'est une fièvre causée par les marais. Je terminerai en indiquant les moyens qui ont été employés pour y remédier.

PREMIÈRE PARTIE.

J'AI dit que les miasmes engendrés par la chaleur dans les marais sont un des poisons les plus funestes à l'espèce humaine. En effet, si l'on consulte à ce sujet les ouvrages des médecins et des voyageurs, tous accusent les funestes ravages de cet ennemi, d'autant plus dangereux qu'il est invisible, et la source des épidémies les plus terribles, de la dépopulation et de la dégradation de l'espèce humaine, au physique et même au moral.

Aristote appelle l'humidité *matrem putridinis*. Les Grecs, pour caractériser l'horreur que leur inspiroient les miasmes engendrés par les marais, les désignoient sous des noms qui, littéralement, signifient *eaux corrompues, limon fétide;* ils les représentoient sous la forme de monstres portant au loin la terreur et la mort. On voit qu'Hercule fut nommé par eux *Lerneus,* pour avoir tué l'hydre aux sept têtes des marais de Lerne; hydre qui n'étoit autre chose que le symbole des miasmes pernicieux émanés des marais, et dont ce héros avoit délivré ce pays (1).

A la suite des débordemens du Nil, les terres adjacentes se remplissent d'eau et se transforment en autant de marais infects. Quels plus puissans motifs d'avoir entrepris les immenses travaux hydrauliques dont les traces subsistent encore , et sans lesquels l'Égypte eût été inhabitable ? Mais aujourd'hui, que ces mêmes travaux sont ruinés ou négligés, il s'est formé une prodigieuse quantité de marais qui y vicient tellement l'air, que, pendant certaines saisons, cette antique contrée, jadis si fertile et si peuplée, au lieu de dix-huit cents villes et sept millions d'habitans que lui supposent Diodore de Sicile et Hérodote, se trouve changée en un foyer d'infection, qui répand presque annuellement dans les contrées voisines la dépopulation et la mort. Prosper Alpin nous donne une idée vraie des effets des miasmes marécageux dans

_____

(1) Hinc enim orta sunt poëtica commenta de Hydro Hydraque..... Hinc etiam quæ de Pythone monstro ab Apolline interfecto conficta sunt, quòd ipsum à putredine et corruptione nomen accepit.

(LANCISI , *De nox. palud.*)

cette région chaude et humide, en parlant des
émanations pernicieuses produites par un
bras du Nil desséché par la chaleur (1), et en
attribuant les causes toujours renaissantes de la
peste aux grands débordemens du Nil. D'après
son témoignage, en 1680, il mourut quinze
mille personnes au Caire. M. Larrey assure
que, dans l'épidémie de l'an 9, il en mourut à
peu près le même nombre. Les médecins
employés à la dernière expédition d'Égypte y
regardent les fièvres pestilentielles comme
endémiques, et causées principalement par
les rivières, devenues autant de foyers d'infection lorsque le vent du midi souffle. Ils
sont tellement persuadés que l'insalubrité de
cette contrée ne vient pas d'une autre cause,
qu'ils indiquent comme un moyen assuré d'y

---

(1) Finito augmento fluminis, inquit, in alveo caleg
remanet, paulòque post stagnans facto, putrescit, viri-
disque primo cernitur et nigra admodumque fœtida
apparet. . . . . Adveniente prima æstatis parte, adhuc
majis augetur intenseque putris reddita, halitus in aerem
exhalet corruptos valdeque veneficos, à quibus aer in-
fectus pueros omnes partem rivo proximam habitan-
tes, in pestilentes eos morbos incidere est causa : quam
ob causam omnes civitatis habitatores, illam rivi partem habitare timentes, ne ipsorum filii ab illo venefico
acre moriantur, aliò confugiunt.

remédier, de prévenir la stagnation des eaux
quand le Nil se retire dans son lit. En parlant
d'une épidémie dont l'armée fut victime en
Syrie, ils assurent que cette maladie fit de
grands ravages à Gaza, à Jaffa et à Acre,
ainsi que dans les lieux bas et marécageux,
et qu'elle se fit à peine sentir dans les villages
des montagnes de Naplouze et de Canaan.

On voit par les *Mémoires* de l'Institut
d'Égypte, que cette compagnie croit aussi la
peste endémique dans ce pays, et qu'elle dépend certainement d'une cause permanente.
Or comme chaque année, après l'inonda-
tion du Nil, le sol de l'Égypte se trouve couvert d'une couche plus ou moins épaisse de
limon, de couleur noirâtre, les membres de
l'Institut pensent que ce dépôt de vase, qui
se fait régulièrement tous les ans, doit être
la source de la maladie ; et ils le croient avec
d'autant plus de raison, que cette vase est
préférée au fumier des étables, et employée
pour l'engrais des terres : ce qui dénote qu'il
entre dans sa composition des substances qui
peuvent donner lieu aux épidémies, supposé
que le Nil, comme toutes les rivières dont le
cours est lent, ne contînt pas en lui le principe de ces maladies.

Dapper a aussi cette opinion quand il dit, à l'appui de Prosper Alpin, *Nunquam pestem in Ægypto oriri, nisi Nilus nimiùm crescat et totas regiones inundet.*

Les miasmes marécageux n'inspiroient pas moins de terreur aux anciens Romains. On sait que, dans leur manie singulière de tout diviniser, ils élevèrent des temples à la déesse Méphitis et Cloacine, et par les règlemens qui nous restent sur la conservation des eaux, on juge quelle importance ils y attachoient. Denys d'Halycarnasse prétend, d'après Caius Aquilius, que les censeurs dépensèrent en une année, pour faire écouler les eaux, mille talens, qui peuvent être évalués, d'après Nardinus, à six cent mille écus d'or. Le même auteur nous apprend qu'une des principales fonctions des édiles étoit d'avoir soin des eaux de la ville et des environs, et que, particulièrement pour cet objet, ils avoient à leurs ordres des préposés en grand nombre, appelés *hydrophylaces sive aquarii.* Il ajoute que des peines sévères étoient instituées contre ceux qui employoient les fonds destinés à l'entretien des eaux à d'autres usages, quelque utiles qu'ils pussent être; et il existe encore des monumens qui attestent leur juste sévérité contre ceux qui laissoient séjourner les eaux sur leur territoire. On ne peut douter de la sagesse de ces précautions, dictées par la plus impérieuse nécessité, dans une contrée chaude, où il existe des marais d'une grande étendue, lorsqu'en consultant leurs historiens, principalement Tite-Live, on voit qu'ils furent exposés à vingt épidémies graves en deux cents ans. J'observe ici que, comme Lancisi, j'appelle *épidémies* vingt maladies que Tite-Live désigne mal à propos sous le nom de *peste* : l'opinion de Lancisi est fondée sur trois preuves, qui me paroissent convaincantes. La première, c'est qu'il arrivoit souvent que la ville seule fût affectée et les environs préservés. La seconde, c'est que les ennemis faisoient fréquemment, et principalement dans ces circonstances, des excursions jusque sous les murs de Rome, sans cependant en être atteints, et même sans en éprouver la moindre crainte. Enfin, ce qui doit compléter la conviction à ce sujet, c'est la description que Tite-Live lui-même nous donne de la terminaison de cette maladie, qui, selon lui, *magis in longos morbos, quàm in perniciales evasit ;* description qui convient par-

faitement aux maladies marécageuses , et qui
n'est pas applicable à la peste.

Si des anciens nous passons aux modernes,
nous trouvons encore des témoignages non
équivoques de l'insalubrité des contrées marécageuses.

Tous les voyageurs conviennent que la
Guinée est un des pays les plus malsains du
monde : cette immense contrée, vue de loin,
ne paroît être qu'un pays plat , constamment couvert de nuages bas, nuages qui ne
sont autre chose que les brouillards et les
fortes rosées dont le sol est surchargé soir et
matin.

Selon Lind, les plaines, ainsi que tous les
terrains bas, sont marécageux ou inondés
par des rivières et des ruisseaux, dont les
bords fangeux et limoneux nourrissent des
joncs, des mangles et d'autres végétaux des
plus nuisibles , et sur lesquels se ramasse
quantité de bourbe et d'ordure, dont l'odeur
est insupportable, surtout le soir. On observe qu'au Sénégal, partie la plus septentrionale de la Guinée , il tombe , en quatre
mois de la saison humide, cent quinze pouces
d'eau , quantité que l'Angleterre reçoit à
peine en quatre années. La chaleur y est au

moins aussi excessive ; le thermomètre de
Farenheit y monte quelquefois à quatre-
vingt-treize degrés. Dans le *Voyage* d'un chi-
rurgien de marine sur plusieurs rivières de
cette contrée, on peut voir jusqu'à quel point
peuvent être portées les suites funestes de
cette mauvaise température.

« Nous étions, comme je l'ai toujours ob-
» servé (dit ce voyageur), à trente milles
» de distance de la mer, dans un pays tout-
» à-fait inculte, submergé, entouré de forêts
» impénétrables, et couvert de fange. L'air
» y étoit tellement vicié, nuisible et épais,
» que les torches et lumières avoient de la
» peine à brûler, et paroissoient à cha-
» que instant prêtes à s'éteindre. La voix
» humaine y perdoit son timbre natu-
» rel. L'odeur qui s'exhaloit de la terre et
» des maisons étoit nauséabonde et infecte ;
» mais la vapeur qui s'élevoit de l'eau stag-
» nante, croupie dans les fossés, étoit en-
» core plus malfaisante. Tout cela néanmoins
» paroissoit supportable, en comparaison de
» ces essaims d'insectes qui se montroient de
» tous côtés, tant sur la terre que dans l'air,
» et qui, paroissant entretenus et produits par
» la putréfaction de l'atmosphère, augmen-

» toient prodigieusement son insalubrité. »

Un médecin qui a suivi le premier détachement des troupes angloises envoyées pour
prendre possession d'un fort dans le royaume
de Galaam, à sept cents milles de la mer,
nous donne à peu près les mêmes détails sur
cette contrée. Le passage de cet établissement
à la mer, se faisant contre le courant de la
rivière, fut environ de six semaines ; pendant cet intervalle, les fièvres firent périr
un tiers du détachement. Quelques pages
après, il continue ainsi en parlant d'un séjour de deux ans qu'il fit avec la garnison
dans ce pays : « C'étoit alors, dit-il, la sai-
» son des maladies ; elles emportèrent près
» de la moitié du monde. Pendant sa durée,
» le plus petit écart, la plus légère intem-
» pérance produisoient la mort. Il étoit pos-
» sible qu'une compagnie se rencontrât le
» soir en bonne santé, et fût presque en-
» tièrement moissonnée le lendemain. De
» nouvelles troupes furent envoyées pour
» relever la garnison ; elles périrent toutes
» dans le voyage du Sénégal au fort, quatre
» personnes seulement y arrivèrent. Après
» deux ans de séjour, le très-petit nombre de
» soldats qui restoient de la garnison fut ren-

» voyé au Sénégal dans l'état le plus fâcheux. »

Les maladies les plus communes dans ce pays sont, d'après Lind, le flux et la fièvre rémittente bilieuse, plus ou moins maligne. La convalescence de cette maladie, qui y règne épidémiquement, dure presque toujours deux mois; la peau y devient jaune : l'hydropisie et les obstructions des viscères en sont fréquemment les suites.

Si de la Guinée on passe à Mozambique, on y trouvera les mêmes inconvéniens, toujours produits par la même cause. Le séjour en est tellement malsain, que les criminels portugais de l'Inde, au lieu d'être punis de mort suivant les lois de leur nation, y sont bannis pour un certain nombre d'années, à la discrétion du gouverneur de Goa : on en voit peu revenir de l'exil; car, comme l'assure Lind, cinq ou six années de séjour à Mozambique passent pour une longue vie.

Dans le Bengale, aux environs de Bencolen, après les débordemens du Gange, les maladies sévissent de juillet en octobre. Ces maladies sont du genre des rémittentes et intermittentes bilieuses ; elles sont si dangereuses, que presque tous les marchands chinois qui vinrent s'y établir lorsque Manille eut été cédée aux Espagnols, y périrent, ainsi que la plupart des anglois.

Les bords du Gange passent pour les lieux les plus malsains du monde. Chaque année, il y règne des fièvres mortelles, qui, en 1771, coûtèrent au Bengale la vie à plus d'un million d'hommes ; elles ont pour foyer les rizières, qui sont des marais artificiels formés le long du Gange. Non-seulement la culture du riz est rendue insalubre par le croupissement des eaux, mais les racines et les pailles qu'on laisse après la récolte se pourrissent, et donnent lieu à des vapeurs pestilentielles (1).

L'examen des tables de mortalité de Batavia, données par Favorinus, nous prouve l'insalubrité de cette ville, environnée de marais, et traversée, comme Amsterdam, par une infinité de canaux dont l'eau est croupissante et sans cours. Le danger d'y séjourner est peut-être encore plus imminent que celui de la Guinée ; il l'est au point que les habitans sont obligés de déserter cette ville la plus grande partie de l'année.

Dans tous les pays des Indes orientales

_____

(1) Lind.

situés près des marais, ou qui avoisinent les bords fangeux des rivières, ainsi que les rives bourbeuses de la mer, les vapeurs, provenant soit de l'eau putride, stagnante, douce ou salée, soit des végétaux corrompus et autres impuretés, produisent plusieurs maladies mortelles, surtout pendant la saison pluvieuse.

Près d'Indapour, à Sumatra, il y a un endroit où les Européens ne peuvent se hasarder à rester ou à coucher sans s'exposer à perdre la vie, ou au moins à essuyer des accidens fâcheux (1).

A Pondang, établissement formé à Sumatra par les Hollandois, l'air est si malsain, qu'on l'appelle communément la *Côte de la peste*. Une vapeur pestilentielle ou brouillard s'élève des marais après les pluies, et fait périr tous les habitans blancs (2).

On sait que la Virginie et la Caroline, dans l'Amérique septentrionale, sont dévastées (à l'époque de la saison où la chaleur succède à l'humidité) par des fièvres dont les effets sont très-meurtriers. Telle est la

(1) Lind.
(2) *Idem.*

2

fièvre jaune, fléau terrible qui désole particulièrement cette même partie de l'Amérique, et qui s'est propagé depuis quelques années dans plusieurs contrées méridionales de
l'Europe ; les médecins qui l'ont observé
s'accordent à le regarder comme causé, ou
au moins favorisé dans sa propagation, par
l'excessive chaleur jointe à l'humidité. Ils se
fondent sur ce que cette maladie commence
ses ravages à l'époque des saisons chaudes
et après une humidité excessive, dans les habitations basses et le long des rivières. M. Dalmas, qui a observé la fièvre jaune, assure
qu'à Philadelphie la première apparition de
cette maladie a toujours lieu dans les rues
qui bordent la Delaware ; qu'à New-Yorck,
elle débute constamment aux environs du
Sund; qu'à Baltimore, c'est la *Pointe,* faubourg où l'on charge les bâtimens, qui est la
première infectée. M. Dalmas observe que
tous ces lieux sont bas et humides, sales,
marécageux, abrités des vents du nord-ouest
et exposés à l'action d'un soleil brûlant.

La Guiane étant, comme le dit Job Aymé,
constamment inondée par les pluies, ou
brûlée par le soleil le plus ardent, est, comme
la Guinée, ravagée par des maladies ter-

ribles. Stedman nous fait connoître parfaitement le climat et les causes de la mortalité qui règne dans cette contrée. Un ciel brûlant, dit-il, dans l'été de ce pays, y dessèche les marais, qui répandent dès lors les miasmes les plus mortifères ; les pluies, que ramène partout la saison dite de l'hiver, font déborder les lacs et les rivières, inondent les savanes, et déposent un limon qui devient le germe des fièvres de la plus dangereuse espèce.

Les côtes de l'île de Cayenne étant plus élevées que sa partie moyenne, cette conformation, qui produit un grand nombre de marais, en rend le séjour très-malsain ; par une raison contraire, l'Isle de France est regardée comme un des séjours les plus sains du monde, parce que les montagnes hautes en occupent le centre, en sorte que les eaux qui en descendent coulent avec rapidité vers la mer et ne peuvent former des marais. Le passage suivant, extrait de la relation de l'adjudant général Ramel, nous donne une idée de l'insalubrité de la Guiane françoise. « Nous » ne trouvâmes qu'une seule habitation dans » ce vaste désert. » (Il parle des bords de la rivière de Sinnamary, constamment couverts

2.

de bois, entravés par les branches de palé-
tuviers pourries dans la vase.) « Comme
» nous nous arrêtions devant cette barraque
» pour demander de l'eau, le propriétaire,
» M. Korman, homme d'environ trente ans,
» mais plus cassé qu'un Européen ne l'est
» ordinairement à soixante, vint nous sa-
» luer, et nous dire d'une voix éteinte :
» *Ah ! messieurs, vous descendez dans un*
» *tombeau !* »

La Jamaïque, suivant Lind, a été tellement
funeste aux Anglois, que cette île perdoit, tous
les cinq ans, jusqu'aux derniers temps, la
totalité de ses habitans ; on fut obligé d'y
détruire un superbe hôpital, parce qu'on re-
connut, à n'en pas douter, que la mortalité y régnoit de la manière la plus effrayante,
uniquement parce qu'il étoit voisin d'un marais. Maintenant, dit le même auteur, on
sait que dans le nombre des Européens victimes de l'intempérie des climats étrangers,
dix-neuf sur vingt ont succombé aux fièvres
et aux flux, qui sont les maladies dominantes
et les plus funestes dans tous les endroits
malsains de toutes les parties du monde.
« J'ai dit, continue le même auteur, dans
» mon *Essai pour conserver la santé des gens*

» *de mèr*, que la fièvre maligne du genre
» des rémittentes et intermittentes, plus sou-
» vent celui des doubles tierces, étoit le
» produit ordinaire de la chaleur et de l'hu-
» midité, et que c'étoit la fièvre automnale
» de tous les pays chauds et la maladie épi-
» démique entre les tropiques : je puis assu·
» rer aussi que c'est la maladie la plus fa-
» tale aux Européens dans tous les pays
» chauds malsains. »

Après avoir détaillé les suites funestes des
émanations marécageuses dans trois parties
du globe, je vais parler de celles qui ont
lieu dans la partie même que nous habitons ;
observant que si, en comparaison des pays
que nous avons parcourus, la chaleur et l'humidité, moins considérables, y opèrent une
diminution dans la gravité des maladies, il
n'existe aucun changement dans leur caractère, étant presque toutes, comme le dit
Lind, bilieuses, et conservant constamment
le type rémittent et intermittent.

L'Europe, où la culture et la civilisation
sont portées à un haut degré, située dans un
climat tempéré, côtoyée et traversée par
plusieurs mers et par de hautes montagnes,
arrosée de rivières et de fleuves qui, généra-

lement, ont un facile et rapide écoulement; n'est pas entièrement exempte de maladies engendrées par les miasmes marécageux : plusieurs de ses contrées, telles que la Hollande, la Hongrie, l'Italie, et même l'Espagne et la France, en sont ravagées, et peuvent encore ajouter à nos preuves.

Si la chaleur étoit aussi forte et d'aussi longue durée dans le nord de l'Europe que dans sa partie méridionale, très-certainement cette immense contrée, toute couverte de lacs, de marais et d'eaux stagnantes, au lieu d'une grande quantité d'habitans dont les émigrations ont inondé à plusieurs époques les contrées méridionales, seroit déserte et inhabitée ; mais la Providence, en destinant la terre à l'habitation de l'homme, n'a pas voulu lui faire un don funeste ou lui en interdire une aussi grande portion : le peu de durée des chaleurs dans ces contrées les a préservées des dangers des miasmes marécageux.

D'après Anderson, on ne connoît pas les fièvres intermittentes dans l'Islande et dans le Groenland.

Alexandre Monro assure qu'elles sont très-rares en Ecosse.

Linné, pour prouver que les fièvres intermittentes sont peu connues dans la plupart des provinces de la Suède, rapporte
qu'un homme étant venu de Holm à Herne-
sand, malade de fièvre intermittente, tous
les étudians regardèrent comme une chose
étonnante de voir un homme avoir froid en
plein été.

Le froid constant des contrées septentrio-
nales étant un obstacle à la formation des émanations marécageuses, ce danger ne commence
à se faire sentir fortement qu'en Hollande. On
sait en effet combien le séjour de la Zélande
a été funeste aux troupes qui y ont été placées
dans les dernières guerres. Ces maladies, que
j'ai observées à l'Hôtel-Dieu sur des militaires arrivés de ce pays, offroient parfaitement le caractère de fièvres causées par les
émanations marécageuses; elles commencent
aussi en Hollande, comme dans tous les pays
soumis à leurs influences, à la fin d'août, vers
le temps du solstice, et toujours après les
pluies, qui tombent ordinairement en ce pays
à la fin de juillet. Leur violence varie aussi
suivant la chaleur et la longueur des étés. Un
régiment écossais perdit tout son monde à
Sluys en trois années. On comprendra com-

bien le séjour de ces îles doit être dangereux,
par la description que M. Raymond nous
donne de l'île de Walcheren (1).

M. Gasc, pendant son séjour dans l'île de
Walcheren et dans la pratique des hôpitaux
militaires de ces contrées, a eu l'occasion de
faire les observations suivantes. « Il y régnoit
» (dans l'île de Walcheren) pendant les mois
» de septembre, d'octobre, de novembre et
» de décembre en 1811, un typhus compliqué
» d'affection gastrique, et en même temps
» une fièvre tierce soporeuse, du caractère le
» plus grave. Sur 400 ou 600 malades, il en
» mourut dix ou seize par jour : à la fin de
» 1811, on comptoit plus de deux mille morts
» à l'hôpital. »

Les canaux de la Haye, d'Amsterdam, de
Delft et surtout de Leide, exhalent continuellement une odeur infecte pendant les
chaleurs. Forestus assure que la ville de Delft,

(1) Valcheria autem insula, cujus metropolis Mildebur-
gum, circum circa profundior est quàm mari, quod
nos obrueret, emergeretque undique, nisi collibus sa-
bulosis per ipsos maris fluctus in tutelam nostram co-
acervatis, et per aggeres studio extructos, ejus modo à
nobis averterentur.

située dans un terroir bas et marécageux, étoit rarement dix années sans éprouver des maladies pestilentielles avant la construction des moulins, qu'il conseilla pour agiter les eaux. A Leide, depuis plus de vingt ans, il régnoit une maladie pestilentielle, qui étoit cause d'une grande mortalité; elle étoit produite par des marais formés par les inondations de l'ancien bras du Rhin

D'après Zimmermann, les fièvres tierces sont fort mauvaises et très-souvent incurables et mortelles dans les Provinces-Unies et dans la Flandre hollandoise, à cause des eaux stagnantes. Les Pays-Bas sont, sur les bords de la mer, presque tous marécageux et çà et là infectés de vapeurs putrides, qui s'élèvent lorsque la mer se retire.

On trouve dans les *Mémoires de la Société de Harlem* une preuve de l'opiniâtreté de ces fièvres, par la grande quantité de quinquina employée pour les guérir. M. Verist en a administré dans les fièvres automnales jusqu'à quatre-vingts onces pour un seul malade, et quelquefois, dans les cas fâcheux, jusqu'à dix onces en trois jours.

L'insalubrité des marais, dont les miasmes sont si funestes, résulte fréquemment, dit

M. Thouvenel, des rizières et des places fortes; c'est-à-dire qu'elle a pour cause la cupi-
dité et les vues de sûreté. C'est des anciens
canaux d'Egypte que sortent perpétuellement,
dit-il, la lèpre et la peste. Il en est de même
du scorbut et des fièvres putrides en Hollande. Les canaux y sont infectés à un tel point
en été, qu'on les voit souvent couverts de
poissons morts, et que la fétidité en est extrême, malgré la ressource des moulins pour
agiter les eaux.

Tout le monde convient que la Hongrie est
un des climats les plus malsains de l'Europe,
peut-être même du monde entier. Dans le
temps des croisades, ce pays a été le tombeau
d'armées nombreuses de chrétiens. Nous avons
encore l'exemple plus récent de l'Autriche,
qui y a perdu plus de quarante mille hommes
de ses meilleures troupes. Krautzer assure
que les fièvres qui se font sentir en Hongrie
pendant les mois de juillet, août et septembre, sont les mêmes que celles de la Guinée
et que celles auxquelles on est exposé dans
les Indes orientales et occidentales, c'est-à-
dire, les fièvres rémittentes et intermittentes
et les dysenteries; en un mot la Hongrie est
ravagée par tant de maladies graves, que,

sans les colonies d'Allemands qui y arrivent continuellement, elle deviendroit déserte(1).

On trouve en Allemagne plusieurs contrées exposées aux miasmes marécageux. Pour éviter de multiplier les citations, je renvoie à ce que rapporte Lautter sur les maladies des environs de Vienne, dont les causes se trouvent être les mêmes que celles de tous les pays où le sol est tel qu'il le dépeint (2).

L'Adige, dit M. Zimmermann, sort tous les ans de son lit et laisse une grande quantité d'eau dans tous les pays voisins. Les eaux se

---

(1) Lind.

(2) Primò humilis, ac depressa planities à Cetii montibus, qui ex occidente nos undique cingunt, quaquà versum ad Hungariæ usque confinia extenditur, in qua Laxemburgum, et pluria alia oppida cum pagis numerosis sita sunt. Dein aquæ subterraneæ tam propinquæ sunt superficiei telluris, ut vix pedes aliquot terræ effodi queant, quin aquæ illico regurgitent;... denique, et rivi magno numero hanc planitiem irrigant, qui, verno tempore, nivibus in Austriæ Alpibus resolutis, immaniter aucti, agros camposque adsitos tantopere inundant, ut lacus etiam majores, pagos insularum instar, cingentes, hinc inde nascantur, quæ, post plures demùm septimanas, partim solis æstu et ventorum agitatione sensim exsiccantur, maximâ autem parte in terram reabsorbentur, atque subtus stagna prius memorata subterranea constituunt. (LAUTTER, p. 188.)

corrompent quelques semaines après, infec-
tent l'air, au point que les habitans sont obligés de quitter leurs habitations au mois de
mai, et de se réfugier dans les maisons qu'ils
ont sur les montagnes, d'où ils ne reviennent
qu'au mois de septembre. Tous ceux qui n'ont
pas cette possibilité ont, selon Otter, l'air
pâle et défait; ces gens, en général, ne descendent des montagnes que pour la récolte
des foins et des blés, et s'en retournent communément avec la fièvre tierce.

M. Zimmermann, qui a long-temps exercé
la médecine dans la Suisse, assure que les fièvres d'accès étant très-communes le long des
lacs et des rivières, et même dans les montagnes, elles prennent quelquefois le caractère
de la plus grande malignité. Il régna en 1717
dans le bourg de Stanz, du canton d'Under-
wald, une fièvre tierce si maligne, que les malades en périssoient subitement au second
accès, avec un mal de tête énorme et une op-
pression extrême. Cela venoit d'un marais
qui n'est pas éloigné du bourg.

Nous retrouverons les mêmes causes et les
mêmes maladies dans différentes parties de
l'Italie et principalement aux environs des
Marais pontins, où tout se reunit pour faire

de cette contrée un lieu remarquable d'insalubrité. Situés entre Rome et Naples, dans
une étendue de vingt-cinq à trente milles de
longueur sur huit à dix milles de largeur, ils
sont circonscrits au nord par les monts Pi-
perno, disposés en fer à cheval. Ces montagnes, en leur fournissant une grande quantité
d'eaux minérales, ne laissent parvenir que le
vent étouffant du midi, appelé en Italie *siroco*. Le sol du marais est imbibé partout et
dans tous les temps, mais rarement inondé ;
et l'eau des rivières et des canaux qui le traversent, est constamment stagnante et sans
écoulement. On juge, d'après cette simple
description, que tout, dans les Marais pontins, concourt à la génération des miasmes
marécageux. Aussi trouve-t-on peu de contrées
qui en offrent des exemples plus terribles et
plus multipliés.

Un voyageur, traversant ces marais avant
les grands travaux entrepris pour leur desséchement par Pie VI, et n'apercevant que des
cabanes éparses et quelques habitans qui inspiroient une pitié qu'il étoit difficile de leur
déguiser, s'approcha d'un groupe de ces êtres
animés, et leur demanda comment ils faisoient pour vivre : *Nous mourrons*, lui ré-

pondirent-ils. Le voyageur se retira frappé de ce douloureux laconisme.

Les célèbres Lancisi et Doni fournissent des preuves si convaincantes et si multipliées de l'insalubrité de cette contrée, que le seul embarras, lorsqu'on veut citer les faits qu'ils rapportent à ce sujet, est d'en faire un choix.

« Ces marais, dit M. Patrin, l'un des col-
» laborateurs du *Dictionnaire d'histoire na-
» turelle*, produisent en été des exhalaisons
» si dangereuses, qu'on les regarde, à Rome
» même, comme étant la cause du mauvais
» air qui l'infecte pendant les grandes cha-
» leurs, quoiqu'elle en soit éloignée de quinze
» lieues. »

Trente personnes, gentilshommes et dames de la première qualité de Rome, ayant été, par partie de plaisir, vers l'embouchure du Tibre, le vent changea tout à coup, et souffla du midi sur les marais : vingt-neuf personnes de cette compagnie furent attaquées de fièvres intermittentes ; une seule en fut exempte.

Pierre Damien, écrivant, dans le onzième siècle, à Nicolas II, pour lui conseiller d'abdiquer, lui allègue l'insalubrité de Rome ; insalubrité qui n'avoit d'autre cause que les marais environnans.

Roma vorax hominum, domat ardua colla virorum.
Roma ferax febrium, necis est uberrima frugum.
Romanæ febres stabili sunt jure fideles,
Quem semel invadunt, vix à vivente recedunt.

Innocent III, qui occupa le siége de Rome dans le douzième et le treizième siècle, écrit que, de son temps, peu de Romains atteignoient quarante ans, et un très-petit nombre soixante. Cette insalubrité n'avoit d'autre cause que les marais des environs et le mauvais état des eaux.

Deux sortes de marais rendent une grande partie de la Lombardie insalubre, les marais naturels, qui existent à Mantoue et aux environs de l'embouchure du Pô, et les artificiels, nécessaires à la culture du riz. Vingt mille personnes, tant Autrichiens qu'habitans, moururent dans la dernière guerre d'Italie, pendant le blocus de Mantoue, de fièvres occasionnées par les marais voisins ; la maladie étoit si évidemment endémique, qu'on fut obligé d'en ôter l'hôpital pour le transporter à dix-huit milles de là, à Bozolo. La mortalité de cette dernière ville, d'après un calcul fait sur sept années, est de sept et demi sur cent ; elle est de dix à onze sur cent

à San-Beneditto, et de huit à neuf sur cent
à Mantoue.

Les mois de juin et de juillet, d'après Fo-
déré, dans son *Traité des fièvres de Mantoue*, y sont très-funestes : ils le seroient encore davantage si les habitans de cette ville
ne fuyoient à la campagne. Rarement on y
atteint cinquante ans ; l'inspection des épi-
taphes l'indique. Le même auteur assure que,
dans la dernière guerre d'Italie, la soixante-
dix-neuvième brigade, en garnison à Mantoue, n'avoit plus que la moitié de ses hommes ; l'autre moitié étoit à l'hôpital de Bozolo
ou à celui de San-Beneditto. Sur une population de dix mille âmes, la moitié avoit déserté
la ville ; on voyoit l'autre moitié pâle, défi-
gurée, prête à succomber. Plusieurs François
arrivés pour quelques heures étoient pris subitement de la fièvre ; les sentinelles la contrac-
toient en faction, malgré le vinaigre et le vin
imprégnés de quinquina dont on faisoit faire
usage à la troupe. Aux fièvres intermittentes
rebelles se joint ordinairement une turges-
cence extraordinaire de bile. La vermination
y est fréquente ; et lorsque les fièvres sont
opiniâtres et de longue durée, il survient fréquemment des obstructions au foie et à la

rate : funeste terminaison, qui a été commune aux indigènes et aux soldats françois.

Venise et ses environs seroient un séjour
inhabitable, si, à l'époque de la chaleur, les
lagunes se trouvoient dans l'état marécageux
où elles sont réduites en hiver. C'est dans
cette saison, surtout en janvier et février,
que l'on observe les plus basses marées,
appelées *seche megre* des lagunes : elles sont
quelquefois telles, sous le règne des vents du
nord et du nord-ouest, que, dans la majeure
partie des canaux, tant internes qu'externes,
la navigation est interceptée à six heures, et
alors aussi plus des deux tiers du fond vaseux
de ces lagunes restent absolument à décou-
vert la moitié de la journée et de la nuit. Au
temps des doubles marées descendantes, on
ne voit, au fond des canaux de la ville et dans
tout son pourtour, que des boues et des
vases extrêmement fétides et noires. La cause
de ce desséchement des lagunes, dans une
saison où les eaux sont au contraire abon-
dantes dans tous les autres pays, est attribuée
à la congélation des eaux dans les montagnes
pendant l'hiver, suivie de leur abondance au
dégel, qui s'opère l'été (1).

(1) Thouvenel.

Tous les ans, l'île de Sardaigne, où les marais sont extrêmement multipliés, est dévastée par une maladie qui se montre depuis le mois de juin jusqu'à celui de septembre ; l'atmosphère est tellement viciée dans certains cantons, qu'on ne peut les traverser depuis mai jusqu'en septembre, à quelque heure que ce soit, sans s'exposer à des fièvres meurtrières. Ces maladies, appelées *intempéries* par les habitans, ne sont autre chose que des fièvres intermittentes et rémittentes. Enfin, la Sardaigne étoit autrefois si remarquable par son mauvais air, que les Romains avoient coutume d'y bannir leurs criminels. Actuellement elle a peu d'habitans ; l'épidémie qui se renouvelle tous les ans en est la cause.

L'Espagne, dont le sol est aride et généralement desséché, est cependant infectée de l'air marécageux dans quelques-unes de ses contrées. Un écrivain moderne (1), en parlant de la salubrité si vantée du royaume de Valence, nous assure qu'il s'en faut bien que cette qualité soit celle de toute la province. Ses côtes sont tempérées, il est vrai, et seroient fort saines, si des terrains inondés

----

(1) Willaume.

et la culture du riz n'en infectoient une grande
partie. Cette culture, bien plus étendue
qu'elle ne l'est aujourd'hui, car le gouvernement l'a beaucoup restreinte, n'en est pas
moins une cause permanente de fièvres pernicieuses, de maladies chroniques et de dépopulation pour les contrées où elle a lieu.
Ce sont particulièrement les environs de la
baie de Valence et les rives du Xucar, qui
sont affligées de cette insalubrité ; le sol
est extrêmement humide, tant à cause de sa
qualité sablonneuse, que par la multitude des
canaux dont il est traversé en tous sens, et
qui, creusés dans un terrain trop poreux,
retiennent mal leurs eaux et les laissent fil-
trer. On prétend aussi que, dans certains endroits, il existe des communications souter-
raines entre les grands réservoirs d'eau que
contiennent les montagnes ; il suffit de creuser
à la profondeur d'un pied pour rencontrer
l'eau. Dans les gros temps, les eaux de la
mer remplissent aussi les lagunes, qui, venant à se dessécher par l'évaporation, con-
tribuent à empester l'atmosphère de miasmes
produits par la décomposition d'une grande
quantité de poissons et de végétaux. C'est
particulièrement aux environs d'Oropesa que

3.

cette infection se manifeste ; elle est si ac-
tive, dit Cavanille, de qui la plus grande
partie de cet article est empruntée, que les
habitans respirent la mort en même temps
que l'air...(1) Quand les chaleurs commencent
à se faire sentir, de ces rizières et de ces
terrains inondés, il s'élève des vapeurs,
lesquelles poussées vers les montagnes situées
à l'ouest, par le vent de mer, qui tout le
jour souffle depuis neuf ou dix heures du
matin jusqu'à quatre du soir, s'y accumulent,
restent suspendues, et deviennent la cause
d'épidémies meurtrières, de fièvres intermittentes pernicieuses, de rémittentes bilieuses.
Elles se manifestent en juillet, et croissent
en malignité jusqu'en novembre, à moins
que des vents du nord un peu violens, en
déplaçant les vapeurs empestées, ne viennent
calmer et abréger ces épidémies. Tout étranger surpris par elles est à peu près sûr d'y
succomber. Ceux des habitans qui y résistent
en conservent des fièvres intermittentes automnales très-opiniâtres. Enfin, la ville d'Oropesa, dont nous venons de parler, et ses environs, ont été exposés à des épidémies si

(1) Notice physique et médicale sur l'Espagne, par
A. Willaume.

meurtrières , qu'on les a prises pour la peste ,
et qu'un gouvernement ignorant ou mal in-
formé a cru devoir, plusieurs fois , déployer
contre cette malheureuse contrée l'appareil
effrayant des mesures de sûreté indiquées
contre la propagation de ce fléau , tandis
que c'est dans le pays même qu'en est la
source. On a été , dit Cavanille , jusqu'à
proposer d'abandonner des lieux aussi malsains.

La maladie contagieuse qui ravagea la
partie méridionale de l'Espagne en 1800 ,
avoit été précédée d'un hiver remarquable
par son excessive humidité ; les pluies s'y
étoient prolongées jusqu'à la fin de mai , époque où survinrent des chaleurs brûlantes ; en
sorte que , du 10 au 15 juillet, le thermomètre
de Farenheit monta à quatre-vingt-cinq degrés , et que le vent d'est fut tellement ac-
cablant pendant quarante jours , qu'il n'y
avoit d'autre moment de repos à espérer ,
que ceux qu'on passoit dans le bain.

On trouve dans l'ouvrage de don Fran-
cisco Salva , premier professeur à Barcelone , ayant pour titre : *Segundo anno del
real estudio de medicina clinica*, l'histoire
de plusieurs fièvres jaunes qui se sont ma-

nifestées à Barcelone en 1803 ; il démontre
que cette fièvre, exempte de contagion, a
eu sa source dans les émanations du port
de cette ville, dont l'étendue et la masse
d'eau diminuent annuellement par l'accumu-
lation d'une quantité considérable d'immondices : c'est également l'opinion du médecin
préposé à la salubrité de la ville et du port de
Barcelone, le docteur don *Rafael Esteva y
Cebria,* dont nous avons une traduction es-
pagnole des *Observations médicales* du docteur Palloni, *sur la fièvre de Livourne.*

La France, regardée comme un des pays
les plus sains de l'Europe, est cependant exposée, dans quelques-unes de ses parties,
à l'influence des émanations marécageuses.

On lit dans les *Mémoires de la Société de
médecine,* année 1776, que les fièvres tierces
ou quartes sont endémiques dans la Sologne : elles commencent au mois d'août :
elles ne s'y montrent qu'après quelque temps
d'une grande chaleur. Il est probable que
c'est dans le mois où se fait un grand desséchement dans les marais, que les vapeurs
qui s'en élèvent sont dangereuses. On a vu
périr un grand nombre d'habitans voisins des
marais que l'art ou la nature dessèchent. Les

ouvriers employés à ces travaux en étoient les premiers atteints. Ordinairement ils en guérissent après l'hiver, sans le secours de l'art ; mais souvent ils tombent dans le marasme et dans l'hydropisie, maladie qui leur est ordinaire. Suivant un auteur digne de foi, ce même pays étant constamment inondé, les fièvres y sont si communes, qu'il est peu de maisons où il ne se trouve des malades, dans quelque saison de l'année que ce soit.

Suivant la statistique du département de Loir et Cher, l'arrondissement de Romorantin comporte sept mille deux cents arpens de marais ; les habitans sont sujets aux maladies que les exhalaisons y occasionnent. Ce sont des fièvres catarrhales, pituiteuses, rémittentes ou intermittentes malignes, accompagnées d'engorgemens. Un air vicié constamment par l'humidité, une eau à peine potable, joignent leurs influences funestes à celle de la mauvaise nourriture, du travail forcé et de la misère : hommes, plantes et bestiaux, présentent le même état de souffrance habituelle et de foiblesse ; tristes, mais inutiles exemples des maux que l'homme attire sur lui et sur tout ce qui l'entoure, quand

il s'obstine à vouloir contrarier les vues de
la nature.

On trouve encore dans les *Mémoires* de la
même Société une description des maladies
de cette contrée, laquelle description s'ac-
corde parfaitement avec la précédente. « De-
» puis le mois de septembre, dit M. Tessier,
» temps où la fraîcheur des nuits et de l'air
» commence à condenser les vapeurs de l'at-
» mosphère, jusque bien avant dans le prin-
» temps, la Sologne est couverte d'épais
» brouillards ; on ne sera pas surpris qu'ils
» durent si long-temps, et qu'ils soient con-
» sidérables dans un pays rempli d'étangs,
» de ruisseaux et de rivières qui n'ont pres-
» que pas de pente, et où la terre est hu-
» mide, même après les plus grandes cha-
» leurs : les brouillards répandent, surtout
» le matin, une odeur désagréable, que
» quelques gens comparent à la tanaisie; c'est
» particulièrement dans le printemps qu'elle
» est sensible, et jamais elle ne fait autant
» d'impression que lorsqu'on marche à la
» suite d'un laboureur dont la charrue ouvre
» la terre. » D'après ces détails, il n'est pas
étonnant que les habitans de la Sologne ne
jouissent pas d'une bonne constitution ; une

figure pâle et jaunâtre, une voix foible, des yeux languissans, un gros ventre, une taille au-dessous de cinq pieds, une démarche lente : voilà ce qui peut, en général, les faire reconnoître à la simple inspection. Ils n'aiment pas le travail, peut-être autant par paresse que parce qu'ils ne sont pas assez forts. Pour peu qu'ils fassent un exercice violent, ils sont hors d'état de le continuer. Il périt un grand nombre d'enfans avant l'âge de dix ans ; on voit quelques vieillards, mais en très-petit nombre. Les rhumatismes, les hernies sont très-fréquentes. Les obstructions semblent faire la base des maladies.

Les habitans de cette province fournissent encore la preuve de la grande influence des miasmes marécageux sur le moral de ceux qui y sont soumis ; on sait que le peu de vicacité de leur esprit les a fait surnommer *niais de Sologne.* Hippocrate s'exprime à peu près de même sur le caractère des habitans du Phase, exposés, comme ceux de Sologne, aux émanations marécageuses :

« Phasiani, inquit, qui cum vitam agant
» in paludibus, longe diversi à reliquis ho-
» minibus evadunt, adeo calore pallides, vi-
» ribus hebetes, ingenio sunt tardo mulie-

» briqué. » On sait aussi que les peuples de la Béotie, exposés à un air marécageux et humide, étoient d'une stupidité et d'une imbécillité passées en proverbe, *beoticum ingenium*. Lancisi a fait la même observation en Italie ; il assure que ceux qui vivent dans le voisinage des marais sont moins vifs et moins spirituels que ceux qui vivent dans un air vif et sec.

Suivant l'abbé Rozier, la plaine du Foretz est couverte d'étangs, et les malheureux habitans de cette contrée sont pendant neuf mois de l'année réduits à un état languissant et douloureux.

On lit dans le *Mémoire sur les maladies de Rochefort*, par M. Leucadou, que les marais ont de tout temps été regardés comme la cause principale des fièvres de Rochefort. D'après M. Retz, les marais qui environnent cette ville rendent l'air si malsain, que les étrangers n'y peuvent rester quinze jours ou un mois, dans certaines saisons, sans y être malades. Dans l'Aunis, et dans la partie de la Saintonge qui l'avoisine, le moment où l'endémie est plus sensible, est celui où les marécages abondent et sont à demi-desséchés.

On sait que plusieurs contrées situées sur

la Méditerranée, et quelques parties de la Basse-Normandie, sont exposées aux miasmes marécageux. M. Baron, médecin de la Faculté de Paris, attribue la suette, qui dévaste presque annuellement plusieurs cantons de la Picardie, aux exhalaisons des marais de Vimeux.

Lorsqu'à des saisons constamment pluvieuses succèdent des chaleurs considérables, toutes les terres basses, voisines des rivières, sont exposées à être inondées, et forment autant de marais qui empoisonnent l'air.

En 1227, sous le règne de l'empereur Frédéric, le Tibre étant sorti de son lit à la suite de pluies considérables, il s'éleva à Rome une maladie tellement funeste, que peu d'habitans en échappèrent.

Roger a observé qu'il se déclare des maladies épidémiques en Irlande toutes les fois qu'il y a de grandes pluies suivies de chaleurs.

Au rapport de Mézeray, il y eut, sous le règne de Louis XI, une peste terrible qui avoit été précédée d'une saison humide, et de vents chauds et de longue durée; cette peste enleva, à Paris et dans les environs, quarante mille âmes dans l'espace de deux mois. On observe que les médecins de ce

temps donnoient le nom de *peste* à toutes
les maladies qui faisoient de grands ravages,
même à des maladies de poitrine et à des es-
quinancies.

Un célèbre médecin de Mulhausen rapporte qu'un débordement suivi de la putréfaction des eaux arrêtées dans les fossés
de Neuf-Brisach, produisit des effets si violens, qu'il n'y eut qu'à peine un vingtième
des habitans exempts de fièvres.

Lorsque les rivières de Seine et de Marne
sortent de leur lit, il se déclare des épidémies dans les villages voisins de leur
confluent, tels que Maisons, Charenton,
Saint-Maur, Creteil.

Après avoir donné des preuves multipliées
des funestes effets des marais, je vais citer
quelques faits qui prouvent que l'habitude
d'y vivre n'en diminue pas le danger, et
que partout où ils se trouvent, ils entraî-
nent constamment après eux la dépopulation et la mort.

Le savant Doni, dans son Traité *De res-
tituenda sanitate agri romani*, distingue trois
degrés d'effets produits sur la vie et la
santé des habitans des lieux infectés par les
marais. Le premier est presque pestilentiel,

c'est celui où personne ne peut vivre ; l'habitation de ces lieux est impossible, le passage dangereux. Le second est celui où les
habitans peuvent vivre, mais d'une manière
maladive et misérable, sans cependant que
l'émigration en soit nécessaire. Le troisième
est celui que supportent assez sainement les
naturels du pays, mais où les étrangers ne
peuvent vivre long-temps sans devenir malades dans la mauvaise saison. Le docteur
Doni prononce que tous les lieux éminem-
ment marécageux sont dans le premier cas.

Les Marais pontins ayant été desséchés sous
les empereurs, trente-six villes et une quantité considérable de villages furent établis sur
ce terrain auparavant fangeux et insalubre ;
mais les soins pris pour contenir les eaux,
ayant été négligés depuis l'invasion des bar-
bares, les marais se rétablirent, et toute
cette immense population disparut.

La ville d'Aquilée étoit autrefois si considérable, qu'elle fut métropole et le siége
d'un patriarche : de cette ville si florissante
à peine reste-t-il quelques édifices qui attestent aujourd'hui sa grandeur passée ; elle
n'éprouva cependant d'autre ravage que celui causé par les marais voisins, qui détrui-

sirent presque entièrement sa population. On
en peut dire autant de Ravennes et de beaucoup d'autres villes.

Anthonius Galathus se plaint du sort de
Brundusium, ville très-considérable, ruinée
par les mêmes causes (1).

En France, les villes de Frontignan, de
Maguelone, ainsi que plusieurs villages autrefois si peuplés, sont à peine composés de
trois cents habitans ; cette dépopulation a été
causée par l'étang du Thau.

Suivant l'abbé Rozier, les habitans de la
Bresse bressante ne vivent jamais plus de
trente ans ; à cet âge, ils sont aussi décrépits
que le seroit un homme de quatre-vingt-dix
partout ailleurs.

Le marquis de Condorcet, ayant ouï dire
que le Parlement avoit ordonné une enquête
dans une paroisse marécageuse, sur un fait
passé quarante ans auparavant, et où l'on
n'avoit trouvé aucun témoin du délit, crut
qu'il seroit utile de chercher combien, sur

---

(1) Quin etiam, inquit, et urbes sub salubri loco
positæ deletæ sunt sicut homines, sic et urbes fata
habent sua, sed civium negligentia urbem hanc infa-
mavit, quæ si aquæ exitus suos apertos habuissent,
nunquam tale nomen assecuta fuisset.

mille personnes, il y en avoit dans chaque classe de paroisse qui eussent passé soixante ans ; il trouva que, dans les paroisses marécageuses, il y en avoit trente-huit, et dans les non marécageuses, cinquante-huit (1).

Massa, autrefois si peuplée, si florissante, ainsi que quatre ou cinq autres villes de la Maremne, n'est plus aujourd'hui qu'un misérable amas de ruines donnant asile en hiver à mille personnes au plus, et en été à trois cents. La principale cause de son insalubrité vient de ce qu'elle est placée sous le vent des plages marécageuses, et exposée aux influences du siroco.

Pour donner une idée de l'existence malheureuse des habitans qui sont exposés à ces miasmes pernicieux, je ne peux faire mieux que de transcrire la description éloquente que nous donne le professeur Beaume, dans son excellent *Mémoire sur les effluves marécageuses;* après avoir assuré qu'au village de Vic, qu'il prend pour exemple et qui se trouvoit composé, au commencement du siècle, de huit cents maisons, à peine il en reste une trentaine. Il produit les registres mortuaires

_____

(1) M. Beaume.

de cette malheureuse commune, qui présen-
toient en 1781 vingt-quatre morts et quatre
naissances. Il en est de même, dit cet élo-
quent et savant professeur, de la ville de
Frontignan et de tant d'autres lieux, qui for-
moient jadis de petites villes, qui ne sont aujourd'hui que de mauvais villages, que la misère et l'abandon gagnent de plus en plus.
Les infortunés habitans se croient poursuivis
par une destinée fatale et inévitable, ils ne
cherchent pas même à lutter contre les dangers. De grandes maisons abandonnées et
tombant en ruines, quelques habitans disper-
sés çà et là parmi tous ces débris, des enfans
languissans, le spectacle soutenu de figures
livides et de personnes agonisantes; à chaque
instant, tout retrace au malheureux le tableau
de la plus triste désolation. On n'y voit pas
ces fêtes publiques qui cachent au misérable,
pour quelques momens, son état; on n'y connoît pas ces douces jouissances qu'éprouvent
ailleurs deux ou trois générations réunies
sous le même toit.

Par les faits suivans on peut voir les grands
changemens qui s'opèrent ordinairement en
sens contraire dans les pays où la destruction
des marais a lieu.

On peut citer, à ce sujet, l'état présent du littoral de Venise et la transformation de la Hollande en prairies et en toutes sortes de cultures, au lieu de plages sableuses, arides et incultes au milieu de l'eau, telles qu'elles étoient autrefois.

La ville de Pise, désignée par Catulle *moribunda Pisaurum*, doit la salubrité dont elle jouit au desséchement des marais qui l'environnent.

Une peste épouvantable sévissoit à Sélinunte, la stagnation du fleuve qui l'arrose en étoit cause ; Empédocle y fit passer deux autres rivières, et la maladie ne revint plus.

Les environs de Temeswar en Hongrie ne sont plus aussi malsains depuis qu'on a desséché une partie des marais environnans.

On lit dans les *Mémoires de la Société de médecine*, qu'il régnoit autrefois à Bordeaux, presque tous les ans, une maladie pestilentielle, qui força plusieurs fois le parlement, pour se soustraire à son influence, de tenir ses séances dans d'autres lieux de son ressort: c'est ce qu'il fit en 1473, 1495, 1501, 1515, 1528, 1546, 1553, 1554, où les ravages que la peste exerça étant des plus opiniâtres, le cardinal Sourdis forma le projet de délivrer la ville de ce fléau terrible. Le marais infect situé à l'ouest lui en parut la source : il entreprit de le faire dessécher à ses dépens. Par ses ordres et sous ses yeux, on creusa deux grands canaux, pour faire couler les eaux jusqu'à la rivière, et dans le lieu où étoit un cloaque infect on éleva une belle chaussée, que l'on borda d'ormeaux. La maladie n'a pas reparu depuis cette époque.

Il y avoit aussi, au nord de Bordeaux, un terrain plat, enfoncé, souvent inondé ; ce quartier a été presque entièrement couvert de maisons : ce qui resta des marais fut converti en prairies, et Bordeaux est actuellement une des villes les plus saines du royaume.

On sait que le célèbre Lancisi, médecin du Pape, a été surnommé le *Sauveur de Rome*, pour avoir rendu le même service à cette ville, dont les égouts et les eaux stagnantes causoient, chaque année, les maladies les plus funestes.

Bergue et Gravelines étoient autrefois redoutables par les épidémies qui y régnoient: du moment qu'on eut fait des canaux, établi des digues et des écluses, qu'on eut desséché et cultivé le terrain, l'air de leur territoire s'est progressivement purifié, et il est devenu égal à celui du reste de la Flandre. On ne peut attribuer ce changement à d'autre cause ; car ces moyens de rendre l'air salubre ayant été négligés pendant deux ou trois ans de suite à Gravelines, on y a vu reparoître des maux dont cette précaution l'avoit délivrée.

Ayant exposé les faits nombreux qui attestent les effets des émanations marécageuses, il seroit peut-être nécessaire, pour en donner une idée complète, 1°. de parler de leur nature, 2°. de la manière dont elles agissent sur l'économie animale ; mais la médecine, qui rarement peut expérimenter, ne doit donner, au sujet de la seconde question, que des notions très-incomplètes, et la chimie, qui jouit de cet avantage inappréciable, est encore d'un bien foible secours pour connoître la première.

Je ne répéterai donc pas avec les chimistes modernes, que l'air émané des marais se compose de gaz hydrogène carboné, de gaz azote, etc., etc., parce que cela ne sert en rien à la solution de la question qui nous occupe, puisque ces gaz, quelque délétères qu'ils soient isolément, ne le sont plus, ou du moins ne peuvent influer que foiblement sur le caractère des maladies dont les pays marécageux

4.

sont ravagés, lorsqu'ils sont mélangés, et
pour ainsi dire noyés dans l'atmosphère.

« D'après M. Thouvenel, l'air des Marais
» pontins, examiné à plusieurs reprises avec
» les meilleurs instrumens par un observa-
» teur habile, dans les saisons les plus mal-
» saines, et comparé ensuite à l'atmosphère
» de pays non marécageux, a donné, ayant
» égard aux vents et à la différence du jour
» et de la nuit, une variation d'un ou deux
» degrés au plus, ce qui réduit à dire que le
» gaz acide carbonique et le gaz azote se trou-
» vent un peu plus abondamment dans l'air
» des plages marécageuses aux mois d'été,
» que dans les saisons et les régions contrai-
» res. Ces différences sont au plus d'un à
» deux degrés sur cent ; différence qui doit
» d'autant moins influer sur les qualités de
» l'atmosphère sous le rapport de la santé,
» qu'on voit des personnes vivre habituelle-
» ment et sans inconvénient notable dans
» les étables et les grands rassemblemens, où,
» sous ce rapport, l'air paroît, à l'eudiomètre,
» infiniment plus vicié, et qu'au contraire
» dans les voiries, dans les sépulcres, les
» prisons et les hôpitaux, il paroît moins
» mauvais, quoique réellement il porte les

» atteintes les plus funestes à la santé. On
» peut donc dire avec certitude que la chimie
» ne nous donne encore que des connoissan-
» ces bien foibles sur la nature de l'air maré-
» cageux, et que les inductions qui pour-
» roient être tirées de la nocuité et de l'in-
» nocuité des gaz isolés, deviennent nulles
» lorsqu'on les applique à l'air atmosphéri-
» que, où ils sont confondus. Il faut donc
» avouer que le principe des maladies maré-
» cageuses est encore caché à nos yeux, qu'il
» peut être mis au nombre de ceux qu'Hip-
» pocrate appeloit *divins*, et Sydenham *ef-*
» *fluences invisibles;* que la seule chose qui pa-
» roisse certaine, c'est que de l'humidité ex-
» cessive et des émanations nombreuses et
» presque incalculables du sol, il se forme,
» par le moyen de la chaleur, un composé
» très-délétère à l'économie animale, lequel
» composé engendre les fièvres intermitten-
» tes, rémittentes et dysentériques, de la même
» manière que les exhalaisons animales pro-
» duisent les fièvres putrides et malignes.

» La chimie et la physique ne nous don-
» nant que de foibles secours pour connoître
» la nature et les effets des émanations maré-
» cageuses, si, comme M. Thouvenel, nous

» voulons prendre quelques notions précises
» à ce sujet, nous ne pouvons que rassembler
» un petit nombre de faits qui donnent quel-
» ques lumières sur cette partie obscure.
» Encore, comme le dit cet excellent obser-
» vateur dans son *Traité sur le climat d'Ita-*
» *lie* (ouvrage qui m'a été très-utile et que
» j'ai souvent mis à contribution), malgré les
» recherches qui ont pour but la confronta-
» tion des faits météoriques et des maux épi-
» démiques dans les différens temps, comme
» dans les différens pays, on n'est pas en-
» core, à beaucoup près, venu à bout de
» former un système de médecine rationnelle
» et pratique, qui puisse servir dans les cas
» semblables, ou du moins on ne sait que très-
» imparfaitement jusqu'à quel point les alté-
» rations physiques de l'atmosphère, dans
» ses qualités aggrégatives et variables de sé-
» cheresse et d'humidité, de pesanteur et
» d'élasticité, de chaleur ou de froid, agité
» par telle ou telle ventilation, coopèrent
» à la production de telle maladie, séparé-
» ment ou conjointement avec les altérations
» proprement chimiques et matérielles de la
» masse entière, avec les ingrédiens hétéro-
» gènes qui s'y mêlent; on ignore de même

» souvent sur quel système d'organes ou
» d'humeurs, sur quelles fonctions, réagit
» chacune de ces altérations intrinsèques ou
» aggrégatives de l'air, altérations dont les
» unes retardent ou accélèrent à l'excès la
» circulation du sang, favorisent ou empê-
» chent l'animalisation des humeurs sécré-
» toires, coagulent ou dissolvent la lymphe,
» accroissent ou diminuent le ton de la
» fibre. »

Le fait le plus certain sur l'action des miasmes marécageux, c'est la nécessité de la chaleur pour la produire. Nous avons dit que,
dans les pays du Nord presque entièrement
couverts de marais, où, dans la saison d'hiver,
la terre est fortement imprégnée d'eau, les
miasmes n'ont qu'une très-foible influence;
au lieu que dans les saisons d'été, ou dans
les pays qui avoisinent la Zone torride, les
miasmes se forment dans les lieux marécageux avec une abondance extraordinaire, et
leurs effets sont très-désastreux. « Ce n'est
» pas que dans les pays du Nord et les saisons
» froides, la matière première du méphitisme
» n'existe réellement dans les marais; mais,
» sans l'adjonction de la chaleur, ce méphi-
» tisme ne se sublime pas, ou, se sublimant

» partiellement, il ne trouve pas dans l'air
» ambiant les élémens propres ni les condi-
» tions favorables à sa fécondité : de même
» que la chaleur du soleil, à mesure qu'elle
» s'accroît, à commencer des premiers jours
» du printemps, est propre à développer et
» à faire éclore les germes des insectes ou
» des plantes; de même aussi elle opère sur
» les germes tant organiques qu'inorganiques
» qui composent ensemble les effluves de la
» putréfaction marécageuse. Ces produits
» croissant, ou changeant de nature, les éma-
» nations éprouvent les mêmes variations
» et les mêmes accroissemens; variations qui,
» suivant Lancisi, ont souvent lieu dans les
» mêmes contrées d'une année à l'autre,
» selon la marche des saisons plus ou moins
» chaudes, pluviales ou nébuleuses, ou selon
» la force et la direction des vents, des
» brouillards et des nuages bas, les véritables
» véhicules des effluves marécageuses. »

Ce qui prouve la nécessité de la chaleur
pour la formation des miasmes, cause des
maladies marécageuses, c'est que, lorsque
le froid survient, les épidémies cessent.
Moultrie nous en produit une preuve en parlant de la fièvre épidémique qui ravagea, en

1745, la ville de Charles-Town, depuis juin jusqu'en septembre. « Aer autem (inquit) » circa mensis hujus diem vigesimum frigi- » dus extitit, ut thermometro farenheitano ad » altitudinem 58 staret mercurius... Hoc ipso » die, cum ægros sub curatione patris mei in- » viserem, lætus videbam omnes convales- » centes omnique periculo brevi liberatos, » nec quisquam postea in toto oppido, fri- » gore non intermittente, morte correptus » est, et duo solùm vel tres in tota provincia » in eum morbum inciderunt. »

Plusieurs faits prouvent qu'un haut degré de chaleur peut produire le même effet que le froid, et concourir puissamment à la neu- tralisation des miasmes. On lit dans les ex- cellentes notes ajoutées par M. Gasc à sa tra- duction du *Typhus* d'Hildebrand, que Lio- nel-Chalmer, qui a donné la description de la température de l'été de 1742 à Charles-Town, assure que la chaleur étoit si extraordinaire, que, lorsqu'on portoit le thermomètre sous l'aisselle, il baissoit de plusieurs degrés; les animaux étoient languissans et les oiseaux ne se soutenoient pas dans l'air; le printemps avoit été très-sec; il n'y avoit pas de rosée dans l'été, ni le plus léger mouvement de l'air,

et cependant on ne se rappelle pas d'avoir
vu un temps plus sain.

Dans l'année 1804, au mois de juillet, il
régnoit à Philadelphie une chaleur accablante
qui avoit succédé à des pluies continuelles; on
craignoit généralement une épidémie, mais
il ne s'en développa aucune.

L'observation des vents explique aussi plusieurs phénomènes relatifs aux émanations
des marais. On sait que ces émanations, qui
sont ordinairement locales et ne font sentir
le plus souvent leur influence que dans les
pays qui les avoisinent, sont quelquefois, cependant, portées par les vents à des distances
considérables. J'ai déjà parlé des maladies qui
règnent à Rome lorsque cette ville est exposée aux vents des Marais pontins, quoiqu'ils
soient à une distance de dix lieues. Il en est
de même des villes de Blois et d'Orléans, par
rapport à la Sologne, et des villes de Châlons
et de Mâcon, affectées d'épidémies lorsque les
vents viennent de la Bresse bressante.

Si les vents transportent les effluves à de
grandes distances, on a des preuves qu'ils
peuvent être arrêtés dans leur course par le
plus léger obstacle; en sorte qu'il s'établit
souvent une ligne de démarcation d'infec-

tion, et de non-infection, non-seulement entre les pays voisins, mais même entre les
maisons contiguës. Dans certains quartiers de
Rome, les fièvres règnent endémiquement,
tandis que le quartier voisin en est exempt.

D'après un observateur digne de foi, des
personnes étoient constamment préservées
ou affectées selon qu'elles ouvroient ou te-
noient fermées leurs fenêtres, exposées aux
effluves d'un marais voisin.

M. Perkins, médecin de Boston, rapporte
qu'un fermier américain avoit coutume d'é-
tendre une boue marécageuse sur ses terres
depuis le mois d'octobre jusqu'au mois d'avril :
dans l'été de la troisième année, les habitans
qui étoient exposés à l'est et au nord-est furent
atteints de fièvres malignes, souvent mortelles; cette fièvre cessa au commencement de
l'automne. Ce qui prouve que cette terre
marécageuse en étoit la cause, c'est l'étendue
de la maladie, qui étoit circonscrite à un mille
et demi de l'habitation du fermier, dans la direction des vents d'est et de nord-ouest.

M. le professeur Pinel a observé que certains quartiers de l'hôpital de la Salpêtrière,
voisins de la petite rivière de Bièvre et de
l'égout de la maison, étoient particulière-

ment affectés de fièvres de mauvais caractère.

La circonscription de l'influence des miasmes marécageux a été aussi très-manifeste dans
l'épidémie qui a eu lieu, ces dernières années,
dans les communes du département de la
Seine qui avoisinent le canal de l'Ourcq. La
Villette a été affectée d'épidémie, tandis que le
faubourg Saint-Martin en a été préservé. Dans
la commune du Pré Saint-Gervais, il existoit
un grand nombre de malades ; il en existoit
peu ou point à Belleville : la même différence
a eu lieu entre Bobigny et Drancy, villages
presque limitrophes l'un de l'autre.

L'action immédiate que les émanations
marécageuses exercent sur l'économie animale, et surtout l'intermittente, caractère de
presque toutes les maladies qu'elles occasionnent, a donné lieu à beaucoup d'hypothèses
plus ou moins ingénieuses, que je ne rapporte
pas, parce qu'elles ne jouissent pas du degré
de certitude que doit avoir la vérité, et qu'elles
ne peuvent être regardées que comme des
conjectures. Ce qui paroît le plus probable,
c'est que leur action se dirige plus particulièrement sur le système digestif, et que les viscères en sont plus ou moins affectés. Il pa-

roît aussi que leur insertion se fait principalement la nuit par le moyen de l'absorption,
lorsque le cours du sang est ralenti, sa chaleur diminuée, le tissu cellulaire relâché :
Sanguis dormientium segnius movetur (dit
Hippocrate), *venœ per somnum plus hiant....*
Dans certaines régions d'Italie voisines des
marécages, il est défendu de laisser dormir
les voyageurs dans les voitures. Virgile a
exprimé le danger du sommeil dans les pays
marécageux par les vers suivans :

> .... Postquam exhausta palus terræque dehiscunt,
> Exilit in siccum et flammantia lumina torquens
> Sævit agris, asperque siti atque exterritus æstu,
> Ne mihi tum molles sub dio carpere somnos,
> Neu dorso nemoris libeat jacuisse per herbas.

Un fait qui m'est particulier vient à l'appui de cette opinion. J'ai, pendant deux ans,
été chargé du soin des malades compris dans
l'épidémie qui fait l'objet de ce Mémoire, sans
que ma santé en ait été altérée, malgré les
fatigues extraordinaires que j'ai éprouvées et
le séjour que j'ai été obligé d'y faire pendant
la plus grande partie du jour, et je n'en fus
gravement affecté que la troisième année,
quoique les maladies aient été moins nombreuses et moins meurtrières que la seconde,

peut-être parce que je fus obligé d'y séjourner la nuit.

Il y a beaucoup moins de certitude sur la manière d'agir prompte ou lente des miasmes marécageux ; il existe même à ce sujet des faits tellement contradictoires, qu'il est absolument impossible de fixer son opinion.

Il paroît, d'après plusieurs observations, que les maladies épidémiques les plus mortelles ne sont pas ordinairement produites par des causes récentes, la cause étant souvent établie plusieurs mois avant que la maladie paroisse. On en trouve une preuve convaincante dans ce qui arrive aux personnes qui, venant d'un pays éloigné, ont été attaquées de l'épidémie régnante dans le lieu qu'elles avoient quitté.

Il y a quelque chose d'étonnant dans la maladie qui a régné pendant l'été parmi les habitans de Vinegard, du cap de Nantuket : elle fut si générale, que ceux qui se portoient bien ne suffisoient pas aux soins des malades ; en sorte que, par commisération, les blancs furent obligés de les soigner : aucun d'entre eux ne fut, cependant, atteint de la maladie, ni ceux qui étoient présens, ni ceux qui étoient absens, quoique plusieurs de ces derniers eussent demeuré avec les Indiens. Mais ce qui confirme davantage l'idée de M. Perkins, c'est que les Indiens employés alors à la pêche de la baleine, avec les Anglois qui étoient partis pour cet objet dès le commencement du printemps, et long-temps avant que cette fièvre eût paru, en furent attaqués dans le temps qu'elle régnoit chez eux, malgré leur éloignement et leur séjour dans un climat très-différent, et quoique cette maladie eût respecté les blancs.

La maladie appelée, dans l'Amérique angloise, *fièvre de climat*, laquelle attaque ceux qui arrivent dans un pays plus chaud et plus humide que celui dont ils sortent, est d'autant plus dangereuse, qu'elle tarde davantage à se déclarer.

D'autres faits prouvent au contraire la promptitude avec laquelle les miasmes agissent sur l'économie.

On lit, dans le *Journal militaire* de Dehorne, que les sergens, les caporaux et les soldats de la porte d'Ingouville ont attesté à M. le marquis de Lambert, lorsqu'il fit la visite de ce poste, qu'ils ne pouvoient s'appuyer cinq ou six minutes sur le garde-fou du pont,

construit sur les fossés de cette porte, sans
ressentir des maux de tête et des étourdisse-
mens qui les forçoient aussitôt de rentrer
dans le corps-de-garde.

On trouve dans le *Journal de Médecine* le
fait suivant : Quatre personnes saines, bien
portantes, vont visiter, en passant, une place
nouvellement élevée sur un sol marécageux,
le matin, au lever du soleil : trois sont prises
d'une fièvre rémittente maligne, et la quatrième d'une dysenterie.

Lind assure que, de treize personnes oc-
cupées à abattre des arbres dans un champ
marécageux, onze furent atteintes de suite de
fièvres violentes qui se terminèrent en intermittentes opiniâtres, dont plusieurs périrent.

J'ai rapporté plus haut un fait attesté par
Lancisi, encore plus concluant, de trente personnes qui, au rapport de ce médecin, firent
une partie de plaisir dans les environs de
Rome, vingt-neuf furent subitement prises de
fièvres.

J'ai été témoin d'un fait qui prouve encore
la promptitude avec laquelle les miasmes
agissent quelquefois sur l'économie. Deux

personnes étrangères furent affectées de fièvres dangereuses, pour avoir habité, deux
jours seulement, une maison située sur la
route de Paris à Pantin, dépendante d'un
hameau appelé *le Petit-Pont*, endroit im-
médiatement exposé aux émanations putrides et marécageuses.

Il est donc impossible de rien statuer sur
la manière d'agir des miasmes marécageux
sur l'économie animale, et de donner des
notions précises sur leur nature, ayant suffi-
samment prouvé les funestes effets des émanations des marais, et donné des preuves irrécusables de l'impossibilité de s'acclimater dans
les pays soumis à leur influence. Je passe à la
seconde Partie, à l'histoire de l'épidémie qui
a régné à Pantin et dans plusieurs communes
situées sur les bords du canal de l'Ourcq, ainsi
qu'à l'exposé des faits qui prouvent que cette
maladie est la même que celles qui règnent
habituellement dans les pays marécageux.
J'observe, avant de commencer, que la grande
quantité de faits que je viens de rapporter
pourroit me faire accuser de prolixité, si je
n'avois annoncé que cette première partie
de mon Mémoire, ayant été écrite pour con-
vaincre une administration incertaine sur la

5

cause de cette épidémie, je me suis trouvé
dans la nécessité de prouver, par des faits
nombreux, une opinion évidente, par la simple exposition, aux yeux des médecins (1).

---

(1) J'observe que cette première Partie, d'après le
but que j'ai dû me proposer, ne pouvant être qu'un
recueil de citations souvent littérales, j'ai employé des
guillemets seulement dans celles qui auroient pu pa-
roître susceptibles de quelque discussion.

DEUXIÈME PARTIE.

S'IL est permis de faire quelquefois dévier la nature de la route qui lui est tracée, il faut, de toute nécessité, que cette déviation ne lui répugne pas trop , et qu'elle soit conséquente aux lois qui la régissent. Ce n'est qu'à cette condition seulement, que l'homme peut impunément opérer les grands changemens que les localités semblent quelquefois exiger. Or, si, conséquemment à ces lois , les eaux qui occupent la superficie de la terre doivent s'épancher dans les endroits les plus bas, quand elles ne sont pas arrêtées dans leur cours, ou détournées par un obstacle proportionné aux efforts constans de ce fluide, tous les établissemens contraires à cette loi qui ne jouissent pas de ce dernier avantage, doivent non-seulement se détruire plus ou moins promptement, mais leur destruction doit encore être précédée de dangers pro-

5.

portionnés à l'imprévoyance de cette même construction.

D'après cette loi, que l'expérience nous prouve être invariable, nous allons examiner si les travaux où le niveau de l'eau est maintenu au-dessus du sol, tels que les aquéducs, les digues, et la plupart des canaux artificiels, ne sont pas plus nuisibles qu'avantageux lorsqu'ils ne sont pas construits avec la solidité qu'exigent de pareils établissemens, et si les maux qui accompagnent et sont la suite inévitable du vice de leur construction, ne l'emportent pas de beaucoup sur les avantages spécieux et momentanés qu'ils promettent.

Si l'on convient que l'homme est fait pour vivre en société et que les grandes villes sont nécessaires à la civilisation, le sol où elles ont été établies auroit toujours dû être choisi d'après ses besoins, dont l'un des plus urgens est, sans contredit, l'eau. Aussi, par une imprévoyance d'autant plus inexcusable qu'il en a toujours la possibilité et le choix, si l'homme fixe sa demeure dans un site privé ou non convenablement pourvu de cette ressource, il se trouve dans l'obligation d'y suppléer.

Rien de plus utile que les aqueducs.
Voyons cependant à quels maux ils exposent,
lorsque ces établissemens sont trop peu so-
lides pour résister aux efforts du temps ou
de la malveillance.

Végèce prétend que couper les aqueducs, ou les laisser détruire, c'est porter le
plus grand détriment à la santé des habitans, et un consul romain assiégeant une
ville dont les aqueducs avoient été coupés,
ne put préserver ses soldats des maladies
qu'en les faisant continuellement changer
de camp. On sait que le maréchal de Lau-
trec, pour n'avoir pas pris les mêmes précautions au siége de Naples, en 1528, vit
périr toute son armée au milieu des marais
résultant de la rupture des aqueducs.

Si je ne craignois d'encourir de nouveau
le reproche de prolixité, je pourrois apporter
en preuve un nombre considérable de villes,
telles qu'Alexandrie, Ravennes......, qui
toutes doivent leur insalubrité à la rupture
de leurs aqueducs.

Si des aqueducs nous passons aux digues, quels graves inconvéniens ne voyons-
nous pas résulter de la plupart des digues,
dont la construction est rarement propor-

tionnée à l'effort des eaux de la mer ou des fleuves.

Ici, la violation des lois naturelles étant plus grave, la punition est aussi plus terrible. En effet, les aqueducs ne contiennent que les eaux des ruisseaux, rarement celles des rivières et jamais celles des fleuves ; au lieu que les digues contiennent non-seulement celles des fleuves, mais encore celles de l'Océan. On sait en effet que, par la plus folle des entreprises, l'homme, qui semble mépriser les plus beaux sites, les climats les plus salubres, et qui n'a jamais pu fournir à l'habitation de la meilleure partie du globe, entreprend, par le moyen des digues, d'intervertir l'ordre de la nature, et a la témérité d'arracher à la mer une partie de son domaine pour en faire une habitation ; où, placé en sens contraire de ce qu'il doit être, au-dessous du niveau des eaux, il s'expose à toutes les influences malignes, suite nécessaire de ce renversement d'ordre, et finit toujours par en être la victime.

Un coup d'œil sur plusieurs parties de la Hollande peut fournir des preuves évidentes de cette assertion. Que l'on réfléchisse aux inondations et aux épidémies fréquentes auxquelles elle est exposée, et l'on verra si ces digues ne sont pas souvent cause des plus graves inconvéniens.

Si les digues paroissent avoir un but d'utilité plus indispensable lorsqu'elles servent à contenir l'eau des fleuves, et à empêcher que, s'étendant dans des plages de niveau à leur lit, elles ne forment des marais insalubres, il faudroit, comme je l'ai dit, à l'imitation de la nature, proportionner l'obstacle à la puissance, et amonceler des masses tellement calculées, qu'elles pussent constamment résister aux efforts des eaux (1). Sans cette précaution, et avec des efforts par-

---

(1) On ne trouvera pas cette opinion exagérée, si l'on jette un coup d'œil sur les immenses travaux entrepris par les Anciens, et particulièrement par les Egyptiens et les Romains. Ces anciens peuples se proposoient un but bien différent du nôtre ; jamais, dans la construction de leurs monumens publics, l'utilité personnelle n'étoit séparée de celle de la postérité : aussi, malgré les efforts des siècles et les ravages de la barbarie, plusieurs de leurs travaux remplissent encore le but pour lequel ils ont été élevés. N'est-on pas fondé à craindre que ceux qu'on a entrepris après le grand siècle de Louis XIV, ne soient pas construits de manière à faire espérer le même avantage ?

tiels et disproportionnés, on transformé en
marais infects et insalubres des plages qui,
couvertes d'eau, n'eussent causé aucun dom-
mage.

Ce que je viens de dire au sujet de la
Hollande peut s'appliquer aux Marais pontins, que les empereurs arrachèrent à la
mer avec tant de dépenses et de peines, et
et qui ne sont plus aujourd'hui qu'un marais infect, qui répand aux environs les
épidémies les plus funestes. Qu'on réfléchisse un instant à quelles calamités a dû être
exposée l'immense population qui habitoit
les trente-six villes et les villages qu'on nous
assure avoir existé dans ces marais, et qu'on
dise si l'humanité doit se réjouir ou s'affliger
d'avoir procuré l'existence à une si grande
quantité d'individus, pour les faire dispa-
roître ensuite par les maladies les plus funestes.

Lorsque les Arabes des environs de Bas-
sora veulent se venger des Turcs, ils rom-
pent les digues qui retiennent le Tygre : alors
tous les bas-fonds devenant marécageux, il
s'ensuit des fièvres qui ont emporté en une
année douze à quatorze mille habitans.

On lit, dans un *Voyage* moderne, que,

dans le temps des inondations, on entre-
tient sur le bas Pô, à tous les cents pas, des
huttes couvertes de chaume, où sont sta-
tionnés des hommes qu'on appelle *guardia
di Po :* leurs fonctions sont, en effet, de
surveiller les débordemens de ce fleuve et
les dégâts qu'il fait aux digues. Au moindre
signal d'alarme, tous ces gardes se réunissent
sur les points menacés, et réparent les brèches,
si cela est possible. Les dévastations occasionnées par ces ruptures sont si considérables, que des fermiers, pour sauver leurs
propriétés, ont recours à un affreux expé-
dient, que réprouve la morale : ils traversent
le fleuve pendant la nuit et font des trous aux
digues du côté opposé, de telle manière, que
la force du courant se portant sur ce point,
ils n'ont plus rien à craindre, à moins que
les propriétaires de l'autre rive ne les aient
prévenus, et qu'ils se trouvent mutuellement
victimes de leur vil égoïsme. C'est pour empêcher de semblables désordres et en même
temps pour veiller à la garde du fleuve, que
l'on a établi des postes militaires, qui font
des rondes jour et nuit : on ne permet guère,
dans ces circonstances, la navigation qu'aux
barques privilégiées, telles que les *corrieri,*

ou coches d'eau, et l'on fait feu sur les autres.

Les canaux artificiels où les rivières qui, contre toutes les lois physiques, au lieu de parcourir les parties les plus déclives des vallées, leur place naturelle, sont transportées sur les montagnes ou sur le penchant des collines, présentent d'aussi graves inconvéniens que les digues. En réfléchissant à la qualité pénétrante de l'eau et à la facilité avec laquelle elle imbibe les terres à de grandes distances, on prévoit aisément les suites funestes de ce renversement d'ordre. En effet, si l'on habite sans inconvénient les bords même des rivières, par la facilité avec laquelle l'eau pénètre et se dirige vers les endroits bas, l'humidité la plus malsaine affligera les pays situés au dessous du niveau des eaux, même à de grandes distances, à moins qu'on ne leur oppose des masses calculées sur la force et sur la qualité pénétrante de l'eau. Je ne fournirai d'autre preuve de cette vérité que l'épidémie des communes riveraines du canal de l'Ourcq, que je prouverai n'avoir eu d'autre cause que les marais formés par la filtration dans les endroits bas, lorsque auparavant j'aurai donné une courte

description du pays ravagé par cette épidémie.

Le canal creusé pour recevoir les eaux de
l'Ourcq n'est encore alimenté que par celles
de la Beuvronne, dont le cours naturel est
interverti entre les villages de Gressy et de
Souilly, d'où il se dirige du nord au midi en
traversant une plaine de six lieues, et va se
jeter dans le bassin de la Villette. Cette longue plaine, qui a été près de neuf ans le théâ-
tre de l'épidémie, est bornée au nord par
l'ancien lit de la Beuvronne, à Claye; à l'est
par les hauteurs qui bordent la route d'Allemagne; au midi, par le faubourg S. Martin;
à l'ouest, elle s'étend à une assez grande
distance du canal.

Les vents qui soufflent le plus ordinairement dans cette plaine sont ceux du nord et
du sud, et très-fréquemment celui de l'ouest.
Les eaux des fontaines, qui toutes sortent des
hauteurs, sont mauvaises et cuisent mal les
légumes; en général, toute cette plaine man-
que de bonne eau; on la transporte de la
Seine à Pantin, à Bondy. A Villeparisis, on
se sert, pour l'usage habituel, de l'eau des
mares, des puits, qui y est généralement sau-
mâtre et de mauvaise qualité.

Le sol de cette plaine étant de nature différente, il est nécessaire de la diviser en deux parties distinctes : celle du nord, qui dépend des départemens de Seine et Oise et de Seine et Marne ; celle du midi, qui appartient au département de la Seine.

Dans la première, qui s'étend de Souilly à Bondy, le canal traverse un marais de 2,900 toises, entretenu par l'Arneuse ; son lit est creusé dans une couche de tourbe profonde ; sorti de ce marais, il traverse les bois de Saint-Denis et la forêt de Bondy dans une excavation profonde, dont la fouille a été nécessitée par la hauteur du sol, qui doit être considéré, dans cette partie, comme la séparation des bassins de la Marne et de la Seine. Cette excavation est creusée dans un sol composé de glaise, de marne et de gypse jusqu'à Sevran, où le canal passe entre trois côtes de sable, partie glaiseux, partie silex.

La seconde division, que j'établis de la plaine où a régné l'épidémie, s'étend depuis Bondy jusqu'à la barrière S. Martin ; son sol diffère beaucoup de celui de la partie déjà décrite : il est composé de gypse, et les bords et remblais faits avec du tuf marneux. Cette seconde division est cultivée en entier, dépour-

vue de bois, entièrement privée d'eau depuis
que les fontaines de Romainville et de Belleville ont été conduites à Paris. La côte de
Romainville et de Belleville, qui fait partie
de celle que j'ai dit régner à la droite de la
route d'Allemagne, étant plus rapprochée
du canal et plus élevée, cette seconde partie
se trouve, encore plus que la première, abritée des vents d'est ; mais la différence la plus
importante se trouve dans la construction
du canal, lequel, dans le département de
Seine et Oise et celui de Seine et Marne, est
encaissé dans les terres ; en sorte que l'eau est
constamment au dessous de la surface du
sol : au lieu que, dans le département de la
Seine, la conservation de la pente régulière
a exigé de hausser son lit, lorsqu'il a ren-
contré sur son passage les bas-fonds qui ré-
pondent aux coteaux des Prés Saint-Gervais,
de Pantin, de Romainville et de Noisy-le-
Sec. On verra, par les suites différentes qu'a
eues l'épidémie dans ces deux parties, que
cette division n'est pas arbitraire.

En effet, dans la première, celle du nord,
où le canal se trouve constamment au dessous
du sol, il a causé des épidémies, qui se dé-
clarent ordinairement lors du creusement

des canaux, et lorsque la terre, fouillée profondément, se trouve frappée par les rayons
du soleil ; mais ces maladies n'ont été et n'ont
dû être que momentanées et passagères, et,
la cause délétère une fois épuisée et neutra-
lisée, non-seulement les maladies se sont
terminées d'elles-mêmes dans cette partie,
mais encore le sol a été considérablement assaini par l'écoulement que le canal a procuré aux mares et aux eaux errantes.

Dans la seconde partie, celle qui appartient
au département de la Seine, les effets ont
été bien plus désastreux et de nature à ne
pas cesser d'eux-mêmes ; car, outre les maladies engendrées par le creusement, elle a
encore été exposée à celles causées par les
marais formés dans les bas-fonds au dessous
du niveau du chenal, et par la digue que les
bords du canal opposent au cours des eaux
des montagnes : aussi verra-t-on qu'au lieu
d'assainir cette partie, comme il avoit assaini
l'autre, l'établissement du canal l'a rendue
malsaine, et que les maladies qui en ont été
la suite, y seroient immanquablement devenues endémiques, si l'on n'avoit entrepris le
desséchement.

La première apparition de la maladie qui,

comme je l'ai dit, a désolé neuf ans la plaine
dont je viens de donner une courte description, se manifesta, à la fin de juin 1804, à
Potempré, ferme située à Vert-Galant, hameau dépendant de Veaujours. Deux cents
soldats de la trente-deuxième division et six
à sept cents de la quatre-vingt-seizième y
furent campés pour faire les fouilles du canal ; la chaleur avoit été, cette année, excessive et de longue durée : une fièvre épidémique, que M. le docteur Fauché caractérise
d'intermittente ou rémittente bilieuse putride, se manifesta bientôt parmi les soldats
travailleurs ; en peu de temps, les trois quarts
en furent atteints, et un assez grand nombre
périrent dans les hôpitaux. J'en ai observé
moi-même plusieurs à l'Hôtel-Dieu, et j'ai
reconnu l'identité parfaite de cette épidémie
avec celle qui a été confiée à mes soins quelques années après.

Les causes de cette épidémie ne sont pas
équivoques. On doit les attribuer d'abord au
genre de travail auquel étoient employés les
ouvriers ; car on sait jusqu'à quel point sont
délétères les vapeurs élevées des terres profondément remuées et exposées pour la première fois à l'ardeur du soleil. Ce sont ces

miasmes qui firent périr, sous le règne de Louis
XIV, une partie des ouvriers employés à creuser dans les plaines de la Beauce le canal de
Maintenon, et la même cause, au rapport
d'un témoin digne de foi, a été funeste à beaucoup d'ouvriers dans les fouilles qui ont été
faites, ces dernières années, dans le département des Bouches du Rhône, pour le canal
de Beaucaire.

La ville de Provins a encore éprouvé les
suites de la même entreprise, lorsque le prince
de Salm-Kirbourg fit travailler au canal qui
communique à la Seine.

Les mêmes accidens eurent lieu lorsqu'on
creusa le canal de Loing: les émanations sor-
ties des terres nouvellement remuées causè-
rent une grande mortalité parmi les ouvriers
et les habitans de Nemours, et l'on ne peut
oublier que lorsqu'on creusa le canal du
Languedoc, il s'est répandu aux environs des
fièvres très-meurtrières.

On attribue à la même cause la peste qui
s'éleva à Rome sous Dioclétien.

Ces exhalaisons sont surtout funestes dans
les pays chauds, lorsqu'on creuse des fossés
qui doivent servir au desséchement des marais, ou qu'on ouvre le terrain pour la pre-

mière fois avec la charrue ou avec la houe.
Une expérience de deux siècles a appris que
leurs ravages sont aussi terribles et aussi
prompts que la peste, surtout si on laisse les
ouvriers passer la nuit sur les lieux qui ont
été ensemencés et plantés pendant le jour.

Lorsque M. Casan étoit le médecin des hôpitaux militaires de l'île de Sainte-Lucie, qui
passe pour la plus malsaine des Antilles (1),
il eut occasion d'observer un exemple funeste
des effets des fouilles profondes. Vingt-huit
soldats de la garnison de Morne-Fortuné
avoient obtenu la permission d'aller travailler, pour deux colons qui défrichoient des
terrains, dans un endroit très-humide et très-
marécageux, qu'on appelle *le grand cul-de-
sac*; ils avoient entrepris de faire un certain
ouvrage pour une somme déterminée, et le
désir de parvenir à leur but les porta à se
livrer au travail avec une ardeur qui ne leur
permit pas de calculer leurs forces et le danger auquel ils étoient exposés; en moins
d'une semaine, les vingt-huit soldats, sans
exception d'un seul, furent portés à l'hôpital:
trois y moururent d'un cholera-morbus en
peu de jours; cinq, d'une dysenterie sanguine

_____

(1) Lind.

6

et bilieuse; quatre périrent d'une maladie épidémique, dans laquelle leur corps, devenu jaune, exhaloit une odeur si infecte, qu'on ne pouvoit approcher de leur lit sans avoir la respiration gênée. Les autres, après avoir éprouvé des fièvres plus ou moins graves, eurent une convalescence très-pénible.

On sait, dit M. le professeur Tourtelle, que quand on entreprend de cultiver un terrain qui est depuis long-temps en friche, ou qui a toujours été inculte, il s'élève des exhalaisons pestilentielles des corps amenés à sa surface par les travaux de labour; ces exhalaisons causent des épidémies dont l'intensité et la durée sont proportionnées à la nature et à l'étendue du terrain : c'est pour cela qu'un grand nombre d'individus ont péri victimes des défrichemens, soit dans le continent d'Amérique et dans les îles, soit en Europe.

Lind assure qu'un Européen ne peut creuser un tombeau dans certains pays chauds, sans s'exposer à une mort certaine, à moins qu'il ne soit acclimaté.

Outre l'exposition à l'air des terres profondément fouillées, M. le docteur Fauché, dont le jugement égale l'instruction, reconnoît plusieurs autres causes de l'épidémie de Potempré, qui me paraissent fondées, telles que la chaleur longue et excessive qui, je le répète, eut lieu cette année, et surtout la mauvaise position du camp. M'y étant moi-même transporté, et après en avoir fait l'examen, il m'a été impossible d'imaginer quelle raison a pu engager à faire un choix si disconvenable. Une courte description va en donner une idée précise.

Derrière la ferme de Potempré, il existe un espace de quelques arpens, abrité de tous côtés, borné par la forêt et les berges du canal, de manière que la circulation de l'air y est fort gênée : c'est dans cet endroit que fut placé le camp. Si l'on ajoute qu'il se trouvoit dans son voisinage trois mares et un marais desséché par la chaleur, où il ne restoit plus qu'une eau épaisse et d'autant plus infecte, que les soldats la remuoient plus souvent pour leurs besoins journaliers, ainsi qu'un égout de matières fécales voisin du camp, on se persuadera aisément, d'après l'énumération de ces divers foyers d'infection, qu'il étoit impossible de choisir une position moins convenable.

Ce qui prouve que cette mauvaise situa-

6.

tion du camp a été la principale cause de
l'épidémie, cette année, c'est qu'en 1805 on
forma, dans un site plus convenable, un camp
de neuf cents Prussiens, employés aux mêmes
travaux, et que, malgré les difficultés qu'ils
éprouvèrent et la grande quantité de malades, il n'y eut que onze décès. Il est vrai
qu'on fut redevable de cette amélioration aux
conseils du docteur Fauché, qui a la modestie
d'assurer que la différente position du camp
en fut la principale cause.

L'épidémie ne se borna pas au camp dont
je viens de parler. Les villages voisins dont
les habitans furent employés aux travaux
du canal, tels que Villepinte, Vaujours,
Montfermeil, Courtry, et principalement
Livry, Villeparisis et Sevran, en éprouvèrent les ravages. L'état civil de ces trois dernières communes peut donner une idée ap-
proximative du grand nombre de maladies
qui existoient à cette époque.

A Livry, dont la population est d'environ
huit cents personnes, et dont la mortalité est
ordinairement de dix-huit à vingt par année,
il y eut,

En 1806, soixante-seize décès ;
En 1807, quarante-six ;

En 1808, trente-cinq ;

En 1809, vingt-deux ;

En 1810, dix-neuf ;

En 1811, dix-huit.

A Villeparisis, dont la population est de cinq cent quarante personnes, et dont la mortalité est de sept à huit, il y eut,

En 1806, vingt et un décès ;

En 1807, vingt-trois ;

En 1808, vingt-deux ;

En 1809, douze ;

En 1810, neuf ;

En 1811, six.

Dans la commune de Sevran, composée de deux cent cinquante habitans,

En 1807, époque de l'épidémie, on compte vingt et un décès ;

En 1808, vingt-deux ;

En 1809, douze ;

En 1810, neuf ;

En 1811, six.

De la simple exposition de ces tables de mortalité on peut déduire plusieurs réflexions d'autant mieux fondées, qu'elles sont basées sur l'expérience.

La première et la plus importante, c'est

que, dans les grandes entreprises, où la santé des individus qui y sont employés peut être compromise, on doit prendre conseil des médecins instruits particulièrement sur ce qui regarde le régime sanitaire ; il seroit facile de prouver, par les faits les plus incontestables, quels éminens services la médecine a rendus dans ces occasions.

La seconde réflexion, c'est que la mortalité se trouve constamment double dans les communes voisines des grandes fouilles ; et ce qui prouve qu'elles en sont la véritable cause, c'est que cette mortalité cesse aussitôt que les miasmes que la chaleur dégage de la terre sont épuisés, et que les maladies qui en sont la suite ne sont que passagères et cessent d'elles-mêmes.

La troisième, enfin, c'est que les miasmes marécageux sont d'autant plus délétères, qu'ils sont respirés plus proche de leur foyer, ou transportés dans un site favorable à leur développement. Aussi voyons-nous la mortalité beaucoup plus considérable à Livry, à Sevran, qu'à Villeparisis et dans les autres communes dont nous n'avons pas donné les tables de mortalité, et elle va en diminuant à proportion de l'éloignement du canal, et se trouve plus considérable à Chelles, quoique plus éloigné, parce que les marais qui existent en augmentent la gravité. Nous allons voir les mêmes causes accroître le danger des fiè-vres marécageuses qui ont affecté la commune de Pantin.

Arrivée à la seconde division, celle située dans le département de la Seine, on verra l'épidémie conserver son même caractère, et devenir infiniment plus grave et plus opiniâtre, à raison, comme je l'ai dit, de la construction différente du canal, qui se trouve en grande partie élevé au-dessus des terres adjacentes, construction qui a dû, par les filtrations, transformer ce pays, auparavant sec et aride, en un sol humide et marécageux, et exposer les habitans à toutes les affections dépendantes de la variation de l'atmosphère dans les pays marécageux.

A cette cause, on peut en joindre une autre non moins forte, laquelle n'a pas peu contribué, selon moi, à rendre l'épidémie plus grave, c'est la réunion des émanations marécageuses aux miasmes putrides. La simple énumération des divers foyers de putridité qui existent dans cette partie du département de la Seine, et les effets funestes qu'ils ont eus pendant l'épidémie, feront voir si mon opinion est fondée.

Deux foyers d'infection existent de Paris à Bondy, c'est-à-dire dans la partie du nord du département de la Seine. L'un est la voirie de Montfaucon, l'autre l'engrais dont on se sert à Noisy-le-Sec. Dans le premier, non-seulement on abat une quantité considérable d'animaux, dont les restes sont livrés à la putréfaction sans être enfouis ; mais cet établissement sert encore de dépôt de vidanges, dont le résidu est remué continuellement pour hâter le desséchement et servir d'engrais, sous le nom de *poudrette*.

Le second foyer d'infection putride est le territoire de Noisy-le-Sec, dont l'engrais usité fournit un dégagement peut-être encore plus abondant de miasmes putrides : il est impossible d'en douter lorsqu'on sait que cet engrais se compose des parties intestinales des animaux tués à la voirie, et des vidanges des boucheries.

Je sais qu'on a fréquemment objecté que l'établissement de la voirie et cet engrais, n'étant ni l'un ni l'autre de nouvelle date, on n'en avoit cependant éprouvé aucun mauvais effet antérieurement à ces dernières années.

Quelque fondée que paroisse cette objection, on s'aperçoit qu'elle est de peu de valeur, lorsque l'on calcule les changemens que les miasmes putrides ont dû éprouver par l'adjonction des émanations marécageuses. Ils pouvoient, en effet, être infiniment moins dangereux et même entièrement dépouillés de leurs qualités délétères, lorsqu'ils étoient absorbés par une grande quantité d'air sec et avide d'humidité, et devenir très-pernicieux dans une atmosphère devenue brumeuse et surchargée d'eau. Parmi une multitude de faits qui prouvent que les effets des miasmes putrides et des émanations marécageuses réunies sont infiniment dangereux, je vais citer les suivans.

On lit dans l'ouvrage de Sénac qui a pour titre, *De reconditâ febrium intermittentium naturâ*, qu'il y avoit près d'une grande ville un lac immense où toutes les immondices venoient se rendre depuis quarante ans. Tant que ces matières putrides occupèrent le fond, il n'en résulta aucun mal; mais quand le limon putride fut assez abondant pour s'élever à la surface de l'eau, il se répandit une fièvre horrible dans la ville, et la mortalité fut portée à deux mille personnes, là où elle n'alloit ordinairement qu'à quatre cents. La nature évidente de cette fièvre, dont Sénac donne la description, appartenoit au genre des fièvres intermittentes malignes, et la cause qui la produisoit étoit également manifeste; car les vapeurs qui s'élevoient du lac étoient si putrides, que ceux qui demeuroient sur les bords ne pouvoient garder la viande plus de trois heures sans qu'elle se putréfiât.

Stavorinus assure qu'une des principales causes des maladies graves qui règnent à Batavia est la méthode usitée pour engraisser les marais où se cultivent les légumes : on les arrose avec de l'eau dans laquelle on a fait tremper des beignets à l'huile; cette eau répand une puanteur horrible, semblable à celle qui s'exhale des excrémens humains.

L'île de Bombay, autrefois si malsaine, ne l'est plus depuis qu'il est défendu de fumer les cocotiers avec du poisson pourri, et qu'il a été élevé une digue pour empêcher l'invasion des eaux.

J'ai déjà dit que M. le professeur Pinel attribue les fièvres intermittentes malignes qui régnoient dans un quartier de la Salpêtrière à la petite rivière de Bièvre, et à l'égout de la maison qui s'y jette.

Il y a cinquante à soixante ans, lorsqu'on entreprit de récurer le bras de la Seine sur les bords duquel l'Hôtel-Dieu est situé et où se déchargent les latrines de l'hôpital, il y eut une assez grande mortalité parmi les malades, les religieuses et les gens de service.

A l'appui de ces faits, je puis en citer plusieurs qui me sont particuliers et dont j'ai été témoin. Dans la route de Paris à Pantin, exposée d'un côté aux émanations marécageuses du canal, de l'autre aux miasmes putrides de la voirie, les maladies ont été nombreuses, presque toutes graves et opiniâtres ; tous les ouvriers employés à la voirie, que j'ai vus atteints de l'épidémie, y ont succombé, ou ont été affectés de la manière la plus grave. Cet effet désastreux de la réunion des miasmes putrides aux émanations marécageuses, a surtout été bien évident dans une partie de la même route au hameau dépendant de la Villette, appelé *le Petit-Pont*, hameau habité par un corroyeur et un boyautier, dont les eaux infectes sont privées d'écoulement par les berges du canal, et exposé avant le desséchement aux émanations d'un vaste marais. Ce hameau étoit tellement malsain, que sur vingt-cinq ou trente habitans j'en ai visité plus de vingt gravement malades, parmi lesquels cinq sont décédés.

Je puis encore apporter en preuve les mares infectes qui existent dans la commune de Bobigny et surtout dans celle de Noisy. Ces mares, appelées par les gens du pays *pitiaux*, occupent ordinairement le milieu des cours communes à plusieurs habitations, et sont le réceptacle des immondices de ces mêmes habitations et des bestiaux qui en dépendent : je puis assurer avoir vu pendant l'épidémie les habitans de ces cours constamment atteints de maladies graves.

Il paroît donc certain, d'après ces faits, que deux causes aussi actives ne peuvent exister simultanément sans donner lieu à des accidens très-fâcheux.

L'épidémie causée par les marais du canal, ayant eu les mêmes causes et le même caractère partout où elle a sévi, je ne pourrois, sans être entraîné à des longueurs et à des répétitions, donner des détails sur ses ravages dans les communes de Bondy, de Noisy, de Bobigny et la Villette ; je ne parlerai que de ceux dont les habitans de Pantin ont été les victimes : cette commune étant celle où elle s'est montrée dans toute sa gravité, je me contenterai de produire, pour les autres, les tables de mortalité qui attestent les désastres qu'elles ont éprouvés.

Le village de Pantin, distant d'une lieue au nord-est de Paris, est côtoyé, dans sa longueur, par le canal de l'Ourcq, dont le lit se trouve exhaussé, dans toute la traversée du territoire de cette commune, pour le maintien de la pente régulière des eaux. C'est cet exhaussement qui a donné lieu aux filtrations considérables qui ont dû transformer toutes les parties basses de ce territoire en autant de marais. Abritée par les hauteurs de Romainville et de Belleville, qui, en gênant la circulation des vents, concentrent les émanations marécageuses, cette commune se trouvoit, avant le desséchement, entourée de cinq grands marais : le premier, sur la rive gauche entre la petite Villette et la ferme de Rouvray; le troisième, sur la même rive, entre le Rouvray et Pantin; le quatrième, entre Pantin et la route de Drancy; le cinquième, entre le hameau dit *la Folie* et Pantin, lesquels marais réunis pouvoient avoir l'étendue de deux cents arpens.

Deux autres causes ont encore contribué à aggraver l'épidémie et à la rendre plus

opiniâtre : la première, le surcroît d'insalubrité que produisent deux foyers d'infection putride, tels que la voirie de Montfaucon et l'engrais usité sur le territoire de
Noisy-le-Sec; la seconde, la manière de vivre des habitans de la commune de Pantin,
composée presque entièrement de petits cul-
tivateurs et de plâtriers. La fraîcheur des car-
rières où ils vivent la majeure partie de l'année, et les voyages qu'ils font, avant le jour,
à la Halle, pour y porter leurs denrées, ont
dû rendre les maladies plus opiniâtres et les
rechutes plus fréquentes.

C'est dans l'été de 1810 et après avoir
exercé ses ravages à Bondy et à Bobigny, que
la maladie s'annonça à Pantin. Plusieurs personnes étant mortes en peu de jours, et un
assez grand nombre attaqué d'une manière
plus ou moins grave, le peu de ressources
des habitans, qui ne vivent que du travail de
leurs mains, obligea à demander des secours
à M. le préfet du département de la Seine,
secours qui furent accordés après que la nécessité en eut été reconnue par M. Bourdois,
médecin en chef du département. Ce fut à la
suite d'une visite générale, faite à tous les malades par ce médecin, que je fus adjoint, pour

leur traitement, à mon confrère Lerminier, médecin de la sous-préfecture de Saint-Denis.

Tous les malades gravement affectés furent traités par nous seuls; les autres furent livrés, sous notre surveillance, aux soins d'un officier de santé, chargé de la distribution des médicamens; le maire, vieillard respectable, qui mourut, l'année suivante, victime de son zèle, se chargea de celle des alimens.

Le caractère de la maladie étoit, en général, peu grave, se composant, pour la majeure partie, de fièvres intermittentes, la plupart tierces, et de quelques rémittentes bilieuses. Il y eut cinq à six décès de plus que les années ordinaires, et, dès les premiers froids de novembre, le nombre des malades diminua au point que notre présence cessa d'être nécessaire.

L'année suivante, en 1811, à l'époque des chaleurs, la maladie reparut avec des symptômes beaucoup plus graves. Un ancien maire et un boucher d'une forte constitution ayant été enlevés vers la fin de juin après quelques jours de maladie, et plusieurs personnes se trouvant dangereusement affectées, notre présence fut une seconde fois jugée nécessaire. Dès notre première visite, nous trouvâmes, mon confrère Lerminier et moi, la maladie beaucoup plus grave que l'année précédente : les fièvres intermittentes devenoient aisément rémittentes, et avoient une grande tendance à l'adynamie; le nombre des malades, après un recensement fait sous les yeux de M. Bourdois, se trouva monter à cent trente personnes, parmi lesquelles on pouvoit compter vingt-quatre maladies graves. Le grand nombre de malades et le caractère de l'épidémie nécessitant des soins assidus et continuels, M. le médecin en chef, après avoir pourvu à tout ce qui étoit nécessaire, tant en alimens qu'en médicamens, , nous confia le soin de l'épidémie, et, l'un et l'autre, nous nous engageâmes à faire chaque jour la visite des malades (1).

_____

(1) J'observe que tout ce qui a rapport au traitement et à l'administration de cette épidémie, a été fait de concert avec mon confrère Lerminier, et constamment soumis à l'approbation de M. Bourdois de La-motte, médecin en chef du département: nous ne pouvions, l'un et l'autre, avoir un meilleur guide. Ce praticien distingué, habile dans le traitement des épidémies, en a traité un grand nombre avec succès.

(Voyez la *Description des épidémies de la Généralité de Paris*, publiée par ordre de l'intendant.)

A la fin d'août, en septembre et octobre, la maladie prit un accroissement considérable, et, à cette époque, M. Lerminier ayant été appelé à d'autres fonctions, je restai seul chargé du soin de l'épidémie. Dans le mois de septembre, elle étoit à son plus haut degré; on peut même assurer qu'à cette époque à peine un dixième des habitans fut épargné, et, dans l'espace de sept mois, le nombre des décès fut porté à quarante-cinq.

Le caractère de la maladie étoit, comme je l'ai dit, le même que l'année précédente; seulement il étoit plus grave, conservoit toujours le type intermittent ou rémittent, caractère que nous avons vu être constamment celui des fièvres marécageuses dans toutes les parties du globe et il avoit, comme je l'ai déjà dit, de plus que l'année précédente, une tendance particulière à devenir adynamique.

Atteint, moi-même, de cette maladie en 1812, j'en vais donner la description d'après ma propre expérience et les observations nombreuses dont j'ai été témoin.

L'invasion étoit constamment précédée par un dégoût absolu des alimens, par une lassitude générale et une tendance au repos presque insurmontable. Un frisson violent et des

7.

envies de vomir précédoient le premier accès; le mal de tête étoit d'abord peu considérable; mais, par la suite, il devenoit plus
intense; d'autres fois, et c'étoit toujours lorsque la maladie menaçoit de devenir grave, dès
l'invasion, le malade se trouvoit dans un état
de demi-ivresse fort remarquable, lequel,
loin d'être pénible, ne produisoit d'autre sen-
timent que la crainte d'en être retiré. J'ai
éprouvé moi-même cet état ; il paroît particulier aux fièvres pernicieuses : les pa-
roxysmes étoient ordinairement longs et finis-
soient par la sueur; le mal de tête étoit constant, et les urines épaisses et bilieuses. A
chaque rémittence ou intermittence succédoit
une foiblesse telle, que le malade ne pouvoit
faire aucun mouvement. Le pouls étoit alors
à peine sensible et la langue ordinairement
chargée ; pas de déjections alvines les premiers jours ; lorsque la fièvre étoit rémittente,
du septième jour au neuvième il survenoit
un dévoiement salutaire, lorsqu'il n'avoit pas
été provoqué par des remèdes contre-indi-
qués, ou lorsque, trop considérable, il étoit
possible de le modérer. En général, en suivant le traitement énoncé ci-après, les symptômes graves s'apaisoient au bout de douze

à quinze jours ; mais rarement la terminaison étoit franche, et, comme le dit Tite-Live,
la maladie traînoit en longueur et étoit presque toujours suivie d'une fièvre tierce ou
quarte, qui duroit souvent plusieurs mois.

Lorsque la maladie étoit traitée par les
émétiques ou des purgatifs réitérés, elle devenoit très-facilement continue, et avoit ordinairement une terminaison funeste du quin-
zième au vingt et unième jour. C'est à l'abus
des évacuans que j'attribue la grande mortalité de la deuxième année. Parmi les médecins étrangers qui vinrent en grand nombre
soigner les malades, plusieurs d'entre eux,
qui n'avoient pas observé aussi long-temps
que nous cette épidémie, négligèrent les to-
niques, si essentiels dans les fièvres marécageuses, ou les administroient trop tard (1);
induits en erreur par l'aspect saburral de la
langue : j'ai vu fréquemment faire un usage
répété des évacuans, presque toujours avec
issue funeste. Si nous avons évité cette erreur
grave, nous le devons à la méditation des

---

(1) J'excepte de ce nombre plusieurs médecins distingués, parmi lesquels je dois citer MM. Asselin et
Borie, médecins de l'Hôtel-Dieu.

bons ouvrages qui traitent des épidémies des
marais, dont nous avions fait une étude particulière. En effet, c'est principalement dans
les épidémies, maladies qui sortent de la pratique ordinaire, que la véritable érudition
médicale, qui n'est autre chose que le résul-
tat de l'expérience et de l'observation des médecins qui nous ont précédés et qui se sont
trouvés dans les mêmes circonstances, doit
rendre de grands services.

« On ne voit que trop souvent, dit Zim-
» mermann, dans les maladies des particula-
» rités si singulières, que, sans les livres, on
» n'est instruit qu'à la mort du malade. Com-
» bien de fois l'inspection même des sujets
» ne nous apprend-elle rien, après les dis-
» sections les plus exactes. Nous voyons en
» Suisse, comme ailleurs, de ces fièvres d'ac-
» cès qui deviennent mortelles à la troisième
» ou à la quatrième invasion; les malades
» périssent comme apoplectiques. Un méde-
» cin qui aura étudié les fièvres dans Torti et
» Werlhoff, les maîtrisera dès l'abord, sau-
» vera ses malades ; au lieu que le praticien
» qui ne lit pas, ne peut que bâiller au pre-
» mier et au second accès, et voir, tout éton-
» né, ses malades périr au troisième. Enfin,

» en terminant son chapitre sur les avantages
» de l'érudition, ces avantages sont, dit-il, si
» considérables, que tout médecin qui peut
» devenir érudit, le doit nécessairement, ou,
» s'il n'en a pas la capacité, il doit renoncer
» à la pratique d'un art pour lequel la nature
» ne l'a pas destiné (1). »

Persuadé de la vérité de cette opinion, je
m'étois fait un devoir d'interroger la tradition
que nous ont laissée les médecins célèbres qui
se sont trouvés dans les mêmes circonstances ;
elle m'éclaira sur deux points de pratique,
dont la connoissance fut la première cause des
succès que j'eus le bonheur d'obtenir dans le
traitement de cette épidémie.

Je savois qu'un praticien très-expérimenté
dans ces sortes de maladies avoit écrit... « Je
» ne saurois assez dire et répéter que le mé-
» decin ne doit pas se laisser guider par les ap-
» parences de saburre que lui présentent cons-
» tamment la langue et les évacuations répé-
» tées ; car ce ne sont que des symptômes
» qui accompagnent la fièvre, et qui dure-
» roient jusqu'à la mort, si on négligeoit la

---

(1) Experientia eruditioni conjuncta facit medicum.
BEVEROVICIUS.

» fièvre pour s'occuper d'eux; ce qui le
» prouve, c'est qu'aussitôt la fièvre cessée en-
» tièrement, la langue redevient belle, et l'a-
» mertume de la bouche se dissipe. »

J'avois lu dans Torti un autre passage non
moins concluant sur ce fait de pratique important... « Purgantia etiam mitiora, inquit,
nisi cum summâ cautione usurpentur : non
hîc loquor de morbis acutis, in quibus angue
pejùs et cane vitanda esse clamat auctoritas,
ratio et experientia. »

Je savois que Sydenham avoit dit : « Levis-
sima catharsi febris recidivam imminere,
eamdemque si satis cessavit purgante redire,
contumaciorem aut pertinaciorem reddi,
atque altas magis radices figere, quin hy-
dropicô fieri quibus, febre intermittente
laborantibus, alvus pharmaco sæpe subdu-
citur. »

Strack, dans son *Traité sur les fièvres inter-*
mittentes, blâme Galien, qui avoit coutume
de traiter ces maladies par des purgatifs.....
« Imo, inquit, quod in his alvum sæpe exi-
tiosum vis experientiæ in ipsis curationibus
satis docuit ; sic enim et febris exasperatur,
et ipsa, inveterando, malos quosdam cor-
poris affectus inducit. »

C'est à ces conseils salutaires que je dois,
je le répète, les succès que j'ai obtenus dans le
traitement de cette épidémie, surtout dans la
troisième année, en 1812, époque à laquelle,
ayant obtenu la confiance exclusive de tous
les habitans, j'ai eu le bonheur de voir une
diminution considérable dans la mortalité,
quoique la gravité de la maladie et le nombre des malades aient été supérieurs à l'année précédente.

Parmi la grande quantité de fièvres intermittentes, un assez grand nombre présentè-
rent les symptômes les plus fâcheux. Rien n'est
plus étonnant que la rapidité avec laquelle la
fièvre, appelée, avec juste raison, *pernicieuse,*
tend à une issue funeste. Il m'est arrivé fréquemment de voir des personnes à peine affectées, le matin, d'une légère indisposition, tomber, le soir, à la suite d'un seul accès, dans l'état
le plus fâcheux, et d'autres fois des malades
frappés de symptômes qui paroissoient mor-
tels, rappelés à la vie d'une manière presque
miraculeuse par l'emploi du quinquina.

J'ai observé plusieurs apoplexies fou-
droyantes se déclarant quelquefois du premier au second accès. J'ai vu mourir une
personne affectée d'une fièvre dont les re-

doublemens avoient lieu en froid seulement,
sans que, dans l'espace de cinq jours, on ait
pu parvenir à échauffer le malade, qui mourut
dans un spasme tel, qu'il fut impossible de
lui faire rien prendre.

J'ai observé que les affections vermineuses,
si communes dans les lieux marécageux,
étoient aussi très-multipliées, surtout parmi
les enfans. J'ai trouvé jusqu'à vingt-neuf gros
lombrics dans les intestins de l'un d'eux, mort
à la suite de la maladie régnante.

Tous les auteurs qui ont observé les maladies épidémiques, les ont vues constamment
se compliquer avec la constitution régnante ;
quatre années de suite j'ai vérifié ce fait-pra-
tique, et j'ai vu le type intermittent et rémittent, caractère particulier des épidémies marécageuses, se compliquer selon la diversité
des saisons, de la constitution catarrhale, bilieuse et dysentérique.

Vers la fin d'août, je reçus, de la part de
M. le préfet, l'invitation de visiter quatre
communes voisines de Pantin, affectées de la
même épidémie. Après le recensement que
je fis des malades, j'en trouvai deux cent
trente-deux à Noisy-le-Sec, deux cents à la
Villette, cent cinq à Bondy, près de cent à

Bobigny. Ce nombre, réuni à celui de plus de quatre cents que j'étois obligé de visiter à Pantin, offre, avec assez d'exactitude, l'état de cette épidémie à cette époque.

On croira aisément qu'il m'eût été impossible de pourvoir aux soins que demandoient le traitement et la subsistance d'un aussi grand nombre de malades, principalement à l'époque où mon collègue Lerminier fut appelé à d'autres fonctions, si je n'avois été secondé par mon intime ami le docteur Serres, dont le zèle et les conseils m'ont été d'un grand secours dans cette circonstance.

Les tables de mortalité antérieures à 1812, que j'ajoute ici, donneront une idée précise de la gravité de la maladie, en fournissant un point de comparaison entre la mortalité ordinaire, et celle qui a eu lieu pendant l'épidémie.

Dans la commune de Pantin, composée de mille personnes, il y a eu,

En 1802, vingt-neuf décès;
En 1803, quarante;
En 1804, trente-deux;
En 1805, vingt-six;

En 1806, trente et un;

En 1807, trente-trois ;

En 1808, trente-deux;

En 1809, trente-quatre;

En 1810, trente-neuf;

En 1811, cent dix;

En 1812, cinquante-huit.

Dans la commune de Noisy-le-Sec, composée de quatorze cent quatre-vingts habitans, il y eut,

En 1802, vingt-six décès ;

En 1804, quarante-cinq ;

En 1805, vingt-deux;

En 1806, vingt-sept;

En 1807, trente-cinq ;

En 1808, trente-huit ;

En 1809, trente-quatre ;

En 1810, trente-neuf;

En 1811, soixante-treize ;

En 1812, trente et un.

Dans la commune de Bondy, composée de cinq cents habitans, il y eut,

En 1803, dix décès ;

En 1805 et 1806 dix-huit;

En 1807, trente-huit;

En 1808, vingt-six;

En 1809, trente et un;
En 1810, trente-deux;
En 1811, vingt-cinq;
En 1812, quatorze.

Dans la commune de Bobigny, composée de trois cents habitans, il y eut,

En 1802, cinq décès;
En 1803, quatorze;
En 1804, onze;
En 1805, quatre;
En 1806, huit;
En 1807, quinze;
En 1808, neuf;
En 1809, six;
En 1810, huit;
En 1811, dix-sept;
En 1812, huit.

Dans la commune de la Villette, composée de neuf cents habitans, il y eut,

En 1803, quarante-six décès;
En 1804, cinquante et un;
En 1805, trente-neuf;
En 1806, cinquante-six;
En 1807, quarante-deux;
En 1808, cinquante-cinq,
En 1809, soixante-neuf;

En 1810, soixante-quatre ;

En 1811, soixante-quatre ;

En 1812, soixante-huit (6 suicides).

En 1811, les premiers froids diminuèrent considérablement le nombre des malades dans les cinq dernières communes ; il n'y eut que celle de Pantin, où l'épidémie ne cessa jamais entièrement, et où, pour ainsi dire, assoupie par les premiers froids de l'hiver, elle reparut avec une nouvelle force vers la fin d'avril.

M. Frochot, préfet du département, ayant alors acquis, par nos rapports et cette nouvelle récidive, la persuasion que cette épidémie, qui menaçoit de devenir endémique, n'avoit d'autre cause que les marais produits par les filtrations du canal de l'Ourcq, entreprit le desséchement de ces marais, desséchement que son successeur, M. de Chabrol, a continué avec le plus grand succès. Cette entreprise fut principalement motivée sur les désastres qu'avoit éprouvés la commune de Pantin, en 1811, par la perte d'un grand nombre de ses habitans, et particulièrement de tous ceux qui exerçoient des fonctions publiques, tels que le maire, son prédécesseur,

deux prêtres desservans, le chef de la gen-
darmerie, etc. On sera persuadé de quelle
importance étoit la prompte destruction
d'une cause aussi funeste, lorsqu'on saura
que les inhumations se succédoient les unes
aux autres avec une telle rapidité, et se mul-
tiplièrent au point que le cimetière de la commune n'y pouvant suffire, on fut obligé d'en
ouvrir un nouveau ; lorsqu'on saura que de
toutes les maisons de campagne qui y sont en
grand nombre, presque toutes furent, trois
ans, inhabitées, et que plusieurs furent vendues
moitié au-dessous de leur valeur : en sorte
que, sans exagérer, on peut dire qu'en 1811
et 1812 on vit se réaliser dans cette malheureuse commune cet état de désolation ordinaire dans les grandes épidémies. On y
trouvoit des familles entières affectées de la
maladie, abandonnées aux soins mercenaires
du premier étranger qui se présentoit, et des
malades soignés par d'autres malades; on y
voyoit la mère mourante n'ayant d'autre
secours que ceux de sa nombreuse famille
encore en bas âge. Ah! c'est dans ces circonstances que la médecine, cette profession
honorable, aujourd'hui si déconsidérée, a toujours donné dés preuves non équivoques de

son utilité à ceux qui en doutent, et de sa dignité à ses détracteurs ; c'est alors que le médecin, osant seul pénétrer sans effroi au milieu de ces familles désolées, ranime les esprits abattus ; par son inébranlable fermeté, devient le consolateur du pauvre souffrant ; c'est dans ces jours de désolation que, digne de cet honorable titre, il se trouve revêtu d'une magistrature d'autant plus respectable, qu'elle est entièrement fondée sur la confiance, et que son principal but, l'objet unique de ses méditations, se trouve constamment dirigé vers le salut de chacun en particulier, et vers celui de tous en général.

Après avoir donné une courte description de la nature et des progrès de l'épidémie qui fait l'objet de ce Mémoire, il me reste à prouver, avant de passer à la troisième Partie, que cette épidémie a été causée par les marais du canal, opinion qui paroîtra évidente lorsqu'on saura que l'époque de la maladie coïncide précisément avec les filtrations qui ont produit les marais ; lorsqu'on saura qu'après les observations les plus exactes, prises des anciens habitans, on a la certitude qu'aucune épidémie de cette nature ne s'étoit montrée depuis un temps immémorial ; lorsqu'on voit que les

seuls pays voisins du canal en ont été affectés,
et qu'on sait, à n'en pouvoir douter, que la
maladie est parfaitement identique avec celles
qui existent dans tous les pays marécageux,
et lorsque enfin l'on verra l'épidémie cesser
par la destruction des marais. Cette simple
énumération de preuves me paroissant une
démonstration suffisante, je passe à la troisième Partie, celle où sont indiqués les
moyens qui ont été employés, en 1812, avec
tant de succès pour détruire ce fléau dévasta-
teur (1).

---

(1) On trouve dans Torti, Lautter, Strack, etc.,
un si grand nombre de bonnes observations sur les
maladies qui font l'objet de ce Mémoire, que j'ai cru
devoir me dispenser de donner celles que j'ai recueillies
pendant la longue durée de cette épidémie.

TROISIÈME PARTIE.

L'ADMINISTRATION, une fois éclairée sur la véritable cause de l'épidémie, prit la résolution d'employer tous les moyens convenables pour y remédier. Les travaux qui furent entrepris pour détruire la stagnation des eaux croupissantes m'étant étrangers, je n'en présenterai qu'un simple exposé, me réservant de donner plus de détails sur l'organisation du service de santé adopté dans cette circonstance : organisation sur laquelle je crois d'autant plus nécessaire de donner des détails, que le grand succès dont elle a été suivie me persuade qu'elle pourra être de quelque utilité dans une pareille circonstance.

Je dirai en peu de mots que, pour opérer le desséchement des marais, M. Frochot s'appliqua à faire combler les bas-fonds qui recevoient les eaux des infiltrations du canal, et que M. le baron de Chabrol, son successeur, employa un moyen beaucoup plus convenable, celui d'établir des rigoles de communication des bas-fonds avec la Seine, partout où ce moyen parut praticable. Le bien évident et sensible qui a résulté de ces travaux est tel, qu'on peut assurer, sans hésiter, que, s'ils sont continués, et le plan de M. de Chabrol exécuté en son entier, ce pays sera assaini et recouvrera son ancienne salubrité.

Je passe maintenant aux détails qui ont rapport à l'ordre établi pour le traitement des malades.

Un des moyens qui ont le plus contribué à l'extinction de l'épidémie, c'est l'établissement des dames de charité, choisies par M. Desportes, administrateur des hôpitaux, parmi les surveillantes de la Salpêtrière. Les fonctions de ces dames étoient de panser les malades, de leur distribuer les médicamens et les alimens d'après l'ordre du médecin.

Je ne crois pas qu'il soit possible de remplir ces fonctions avec plus de zèle, de dévouement, et d'une manière plus honorable pour elles et pour l'administrateur éclairé qui les avoit jugées capables d'occuper ces places aussi périlleuses que diffi-

ciles (1). Pour avoir une idée juste des services que ces dames respectables ont rendus,
on peut consulter l'immense quantité de malades qu'elles ont soignés ; on ne pourra prononcer devant eux les noms de sœurs José-
phine, Victoire, et de leur compagne, sans
entendre un concert unanime de reconnoissance, de bénédictions et de louanges.

---

(1) L'excellent choix des surveillantes de la Salpêtrière, et la bonne administration de l'hospice de Pantin, sont une bien foible partie des droits acquis à la
reconnoissance publique par M. Desportes.

L'immense quantité de personnes qui fréquentent
l'Hôtel-Dieu, peuvent témoigner que, par ses soins et
sous la direction spéciale de M. le comte Barbé-Mar-
bois, membre du conseil des hôpitaux, ce grand établissement, tant calomnié, et dont l'existence, menacée
depuis vingt-cinq ans, a donné, dans ces derniers temps,
de si grandes preuves de son utilité, pourra bientôt
être cité comme un véritable modèle, soit pour la disposition des divers services qui le composent, soit
pour le régime intérieur. Ce qui caractérise la réforme
entreprise par ces bienfaiteurs de l'humanité, au nombre
desquels doit être adjoint le respectable docteur Du-
chanoy, prédécesseur de M. Desportes, c'est que,
constamment fidèles aux principes qui guident l'administration des hôpitaux, elle a été faite avec cet esprit de
douceur et d'équité qui évite autant que possible les
froissemens et les plaintes.

Un médecin fut nommé pour l'épidémie, et pour réduire autant que possible à un traitement unique cette maladie, dont la cause étoit la même, et éviter les inconvéniens graves qui avoient résulté, l'année précédente, de la diversité des traitemens. Tous les officiers de santé résidant dans les communes affectées de l'épidémie furent mis sous la direction de ce médecin, et les médecins étrangers furent invités à l'appeler au moins deux fois en consultation dans les maladies graves.

Le maire fut chargé de la comptabilité conjointement avec le médecin, successeur d'un homme respectable, mort dans l'épidémie. Pendant ses fonctions, M. Gorneau briggua cette place dangereuse et peu enviée. Attaqué deux fois de la maladie avec les symptômes les plus fâcheux, son zèle n'en fut pas ralenti, et la commune de Pantin ne doit pas oublier les grands services que lui a rendus ce magistrat distingué par son activité et son esprit.

A l'exception d'une seule disposition, tout étoit parfaitement réglé dans cette organisation et cette disposition : j'en vais parler aussi impartialement que possible, et en oubliant

8.

que son exécution m'a mis moi-même dans le danger le plus imminent.

Tous les médecins qui ont traité des épidémies savent de quel inappréciable avantage doivent être la connoissance des localités du pays ; celle du caractère, des habitudes et de la moralité des habitans qui en sont affectés; et que lorsqu'à ces avantages il s'en joint un autre encore plus considérable, celui de l'expérience, qui résulte de l'observation d'une épidémie depuis plusieurs années, on peut assurer que la vie du médecin qui possède ces avantages réunis est bien précieuse, et doit être regardée comme véritablement essentielle à la destruction de ce fléau. C'est précisément ce point important, la conservation du médecin, qui fut méconnu sans aucune nécessité par un article de l'arrêté de M. Frochot, en date du. . . . . . La commune de Pantin, quoiqu'à la distance d'une demiheure au plus de chemin de Paris, fut fixée pour la résidence du médecin: ce qui devoit l'exposer d'autant plus facilement à être affecté de la maladie endémique, qu'il y étoit prédisposé par les fatigues et le travail que nécessitoient les occupations multipliées auxquelles il étoit obligé de se livrer. Nommé à

cette place, je prévis le sort qui m'étoit ré-
servé, et ayant fait, à ce sujet, des observations que des circonstances particulières ne
permirent pas d'écouter, je me reposai entièrement sur la force de ma constitution ; et,
pour faire face à ce grand travail, dont je
fus presque entièrement chargé cette année
(mon collègue Lerminier ayant été appelé à
d'autres fonctions), j'établis l'ordre suivant,
qui fut invariablement observé, et par le
moyen duquel j'eus la possibilité, moyennant
l'aide de mon inséparable ami le docteur
Serres, de donner mes soins à trois ou quatre
cents malades qui existoient à Pantin, et à
autant d'autres dans les cinq communes dont
j'étois aussi chargé.

Un des objets les plus essentiels au traitement d'une épidémie dans une commune
pauvre, c'est, sans contredit, d'assurer la
subsistance de tous les malades indigens et de
leurs enfans : cette bienfaisante obligation fut
remplie par M. le préfet Frochot et par son
successeur M. Chabrol, avec une générosité
qui ne peut être oubliée par les habitans de
ce canton. Les alimens en pain, vin, viande,
bouillon, étoient accordés sur la simple de-
mande du médecin, qui ne la délivroit qu'à

ceux seulement qui suivoient le traitement de l'épidémie, ou à leurs enfans, lorsqu'ils étoient hors d'état de travailler. Deux marmites furent établies, l'une de soupes aux légumes pour les valides, l'autre de viande pour les malades; chaque jour, à une heure indiquée, les malades recevoient la quantité de bouillon qui leur étoit fixée, ainsi que le pain, la viande et le vin nécessaires à leur subsistance et à celle de leur famille.

A l'époque de la deuxième année, le nombre des malades étant trop considérable pour être visités à domicile, il fut résolu que ceux qui pourroient sortir sans inconvénient, se réuniroient dans l'hospice, à une heure fixée, pour y être visités par le médecin, et y recevoir sur-le-champ le traitement convenable. Je crus devoir prendre cette mesure, parce que je m'aperçus que beaucoup de malades, pour avoir part aux alimens, emportoient chez eux les médicamens qui leur étoient ordonnés, les jetoient, ou n'en faisoient aucun usage. Pour remédier à cet abus grave, je les leur fis administrer devant moi, par les dames de charité, dans le lieu même des consultations : je puis assurer que cette dernière mesure, constamment exécutée, contribua beaucoup à l'extinction de l'épidémie. Cette consultation publique, qui devint par la suite très-nombreuse, et où les malades venoient de plusieurs lieues, eut encore un autre avantage, elle acquit au médecin la confiance de tous les habitans des environs, confiance qu'il est si essentiel de voir réunie sur une seule personne dans une pareille circonstance.

Toutes les personnes que la gravité de la maladie mettoit dans l'impossibilité de se transporter à la consultation, recevoient chaque jour deux visites du médecin et deux des sœurs, pour veiller ou faire exécuter le régime et les prescriptions ordonnés, soit pour panser les malades, ce qu'elles ont constamment fait, même au péril de leur vie, avec un zèle et une exactitude qui auroient dû leur mériter un témoignage de reconnoissance publique.

Une troisième classe comprenoit ceux qui se trouvoient dénués de moyens, au point de ne pouvoir être traités dans leur domicile. Assuré, comme je l'étois, que la maladie étoit endémique et non contagieuse, je les dirigeois sur l'Hôtel-Dieu ; mais la répugnance qu'éprouvent les habitans de la campagne à venir dans les hôpitaux, étoit fréquemment

suivie de graves inconvéniens ; les malades
refusoient de s'y faire transporter, ou s'y
décidoient trop tard ; peut-être même étoit-il
dangereux de fronder l'opinion populaire,
qui regardoit cette maladie comme contagieuse. Ces motifs réunis m'engagèrent, dès
les premières années de l'épidémie, à demander qu'il fût établi à Pantin un hôpital, d'une
douzaine de lits : établissement qui n'a eu
lieu que la troisième année, époque où, attaqué moi-même de l'épidémie, je fus remplacé
par mes collègues Serres et Marc, dont je ne
puis prononcer les noms sans les accompa-
gner des éloges que méritent leur courage et
leur dévouement. Succombant à de longues
fatigues, et frappé d'une maladie qui, dès les
premiers jours, donna les plus vives inquié-
tudes pour ma vie, ces médecins recommandables, malgré l'effroi inspiré par ma
maladie et la mort de presque tous les fonctionnaires publics, n'hésitèrent pas de s'exposer aux mêmes dangers. Ils vinrent s'établir à Pantin, et, par leur conduite coura-
geuse, ils se sont honorés et ils ont honoré
leur état. Il n'y a peut-être que les médecins,
je prie qu'on me passe cette réflexion, chez
lesquels on trouve cet entier et froid dévoue-

ment de soi-même ; dévouement d'autant plus
louable, qu'il se fait pour le bien de l'humanité seule, et sans aucune considération de
récompense ou d'honneur, car malheureuse-
ment l'expérience nous apprend que, le danger une fois passé, les services du médecin
qui s'est dévoué dans une épidémie sont bientôt oubliés. Heureux si, après avoir fait le
sacrifice de sa vie et de ses intérêts, l'oubli de
ses services vient le sauver de l'ingratitude,
souvent même de la calomnie !

Je ne donnerai pas de longs détails sur le
traitement médical adopté dans cette épidémie, il est le même que celui consigné dans
les écrits des célèbres Torti et Werlhoff. On
sait que le quinquina, bien administré, est
le véritable spécifique de ces sortes de maladies ; c'est lui que j'ai constamment pris pour
base de mon traitement. Je puis assurer l'a-
voir employé dans presque toutes les occasions (et quelquefois aux doses les plus
fortes), toujours avec avantage et sans en
avoir le moindre inconvénient. Je l'ai administré sous beaucoup de formes, mais plus
constamment sous forme d'opiat ; j'y ai été
décidé par un motif qui paroîtra de peu d'importance, et qui cependant a peut-être con-

tribué plus que tout autre à l'extinction de
l'épidémie (1).

C'est à M. de Chabrol, préfet du département de la Seine, qu'appartient la gloire
d'avoir indiqué les véritables moyens d'assai-
nissement de ce canton. C'est d'après ses
plans, dressés en ma présence sur les lieux
mêmes, que les rigoles qui ont procuré l'é-

---

(1) On sait combien les habitans des campagnes sont
faciles à se laisser tromper par les charlatans et les jon-
gleurs : un d'eux, sans avoir aucun titre, ni la moindre
connoissance soit en médecine, soit en pharmacie, avoit
spéculé sur cette facilité, et faisoit un grand débit d'un
opiat, qu'il vendoit très-cher. Inutilement je m'effor-
çai de persuader à mes malades que cet opiat n'étoit
autre chose que du mauvais quinquina, et qu'il étoit
facile d'en composer un semblable, avec la différence
que le mien seroit de bonne qualité, plus judicieuse-
ment administré, et qu'il auroit de plus l'avantage d'être
distribué gratis : ces raisonnemens, quelque évidens
qu'ils fussent, ainsi que les poursuites que je fus obligé
de diriger contre ce charlatan, furent inutiles jusqu'au
moment où il me vint à l'idée de combattre cet ennemi
public par ses propres armes. J'imitai parfaitement son
opiat quant au goût, la couleur et l'odeur; tout, jusqu'aux vases où il étoit contenu, étoit parfaitement semblable. Ce moyen eut un si grand succès, qu'en moins de
quelques semaines le charlatan fut obligé d'abandonner la commune et de chercher des dupes ailleurs.

coulement des eaux stagnantes , ont été établies. Par ce moyen, déjà exécuté en partie
sur la rive droite du canal par les soins de
M. Girard, ingénieur en chef du canal, ce
pays se trouve depuis deux ans exempt du
fléau qui le dévastoit, et on est fondé à affir-
mer que si un pareil écoulement est établi
pour la rive gauche , et les rigoles mainte-
nues à une profondeur convenable pour que
les eaux puissent s'écouler en entier , ce pays
sera, comme je l'ai tant de fois annoncé dans
mes rapports, rendu irrévocablement à son
ancienne salubrité.

L'épidémie étant entièrement terminée , le
service médical , l'hospice excepté , fut continué , par mesure de précaution , jusqu'à la
fin de 1813, époque où se terminèrent mes
fonctions.

Je ne finirai pas l'histoire affligeante des
désastres de ce pays, qui me sera toujours
cher, et par les peines difficiles à imaginer
que je m'y suis données , et par les dangers
que j'y ai courus, sans témoigner toute ma reconnoissance aux personnes recommandables
qui ont bien voulu me seconder dans mes
fonctions , et qui m'ont accordé, dans toutes
les circonstances où j'ai réclamé leur appui ;

une confiance dont je garderai éternellement le souvenir. Sous ce rapport, je dois une re- connoissance toute particulière à M. Gantier, juge de paix; à M. Gorneau, maire de Pan- tin ; à M. Narjot; à M. Cottereau, maire de Noisy ; à M. Fremin, maire de Bondy ; à M. Contenot, adjoint du maire de la Villette. Non-seulement ces fonctionnaires publics se sont volontairement, et dans la seule vue du bien de leurs administrés, exposés à l'endémie régnante, et par conséquent au danger le plus imminent, mais encore ils ont puissamment contribué à la destruction de ce fléau. C'est par le bon esprit et le zèle qu'ils ont mis à me seconder et à exécuter les résolutions sa- lutaires qui furent prises à ce sujet, qu'ils ont évité les plus grands malheurs à ce can- ton, qui leur doit conserver une reconnois- sance éternelle.

Il me seroit impossible de ne pas mettre au nombre de ces personnes bien dignes de la reconnoissance publique, M. Chalòns, curé de Noisy-le-Sec : la conduite de ce zélé pas- teur a été constamment au-dessus de tout éloge; M. Blanchetête, curé de Pantin, mort de l'épidémie, ainsi qu'un prêtre desservant, l'un et l'autre dans les fonctions de leur mi-

nistère. Je ne puis aussi oublier l'infortuné
abbé de Montcourt, leur digne successeur,
dont le nom ne peut être prononcé sans rap-
peler la catastrophe qui a enlevé à son trou-
peau ce respectable ecclésiastique, si brûlant
de cette charité, l'apanage ordinaire des
pasteurs françois. Je ne vous oublierai pas
non plus respectables Roulliers et Mongrols,
maires de Pantin et de Bobigny, morts l'un
et l'autre victimes de votre dévouement dans
l'exercice de vos fonctions! Enfin, je terminerai cette liste recommandable, en inscri-
vant les noms de mes deux collaborateurs,
MM. Valade et Baecker, chirurgiens de la Villette et d'Aubervilliers, qui, l'un et l'autre,
m'ont constamment secondé, et dont il me
seroit impossible de laisser le zèle et les bons
procédés dans l'oubli.

Je m'étois proposé de joindre à ce mémoire un précis historique de la maladie qui
a régné à l'Hôtel-Dieu et à la Pitié en 1813
et en 1814, époque de la première invasion
des étrangers, et de prouver, par des faits
irrécusables, que cette maladie n'a donné aucun signe de contagion : pressé par des circonstances impérieuses, je me vois obligé d'a-

journer l'exécution de ce projet. On trouvera
peut-être singulier que j'entreprenne de traiter cette question dans ce sens, ayant moi-
même été atteint de cette funeste maladie en
exerçant les fonctions dont j'étois chargé (1);
j'espère cependant que tout étonnement à ce
sujet cessera, lorsque j'aurai donné connoissance des faits qui se sont offerts à mon observation à l'Hôtel-Dieu, et à celle de M. le
docteur Serres à la Pitié, et lorsque je pro-
duirai la preuve authentique que mon opinion se trouve entièrement conforme à celle
des médecins titulaires de l'Hôtel-Dieu, pra-
ticiens distingués, dont les lumières égalent
l'impartialité.

Les faits qui seront présentés dans ce second Mémoire, résultent d'observations faites
par M. Serres et moi sur plus de vingt mille
militaires reçus, en 1813 et 1814, à l'Hôtel-
Dieu et à la Pitié.

_____

(1) Dans l'espace de quatorze mois, et dans l'exercice de fonctions publiques, j'ai été atteint de deux
maladies présumées mortelles à leur invasion ; deux
fois j'ai été arraché au trépas le plus imminent par les
soins de l'amitié, et par les savans conseils de M. le
professeur Bourdier.

FIN.

De l'Impr. de CELLOT, rue des Grands-Augustins, n°. 9.

www.ingramcontent.com/pod-product-compliance
Lightning Source LLC
Chambersburg PA
CBHW071147200326

41519CB00018B/5145